光伏电站的运维

桑宁如　罗继军　陈浩龙　主　编

张发庆　罗素保　刘明洋
　　　　刘　朗　温镨玉　副主编

图书在版编目(CIP)数据

光伏电站的运维 / 桑宁如, 罗继军, 陈浩龙主编
. — 天津 : 天津大学出版社, 2021.6(2024.1重印)
ISBN 978-7-5618-6950-5

Ⅰ. ①光… Ⅱ. ①桑… ②罗… ③陈… Ⅲ. ①光伏电站－运行－中等专业学校－教材②光伏电站－维修－中等专业学校－教材 Ⅳ. ①TM615

中国版本图书馆CIP数据核字(2021)第099716号

出版发行 天津大学出版社
地　　址 天津市卫津路92号天津大学内(邮编:300072)
电　　话 发行部:022-27403647
网　　址 www.tjupress.com.cn
印　　刷 北京虎彩文化传播有限公司
经　　销 全国各地新华书店
开　　本 185 mm×260 mm
印　　张 10.5
字　　数 263千
版　　次 2021年6月第1版
印　　次 2024年1月第2次
定　　价 49.00元

前　言

光伏发电技术经过近二十年的发展，在我国先后通过了“国家高技术研究发展计划”和“科技攻关计划”安排，开展了晶体硅高效电池、非晶硅薄膜电池、晶硅薄膜电池以及应用系统的关键技术等的研究，大幅度提高了光伏发电技术和产业的水平，缩短了光伏发电制造业与国际先进水平的差距。2010 年后，在欧洲光伏产业需求放缓的背景下，我国光伏产业迅速崛起，成为全球光伏产业发展的主要动力。2017 年，我国光伏发电新增并网装机容量达到 53 GW，同比增长超过 50%，累计并网装机容量高达 130 GW，位居全球首位。2018 年我国光伏发电新增装机容量 44 GW，2019 年我国光伏发电新增装机容量 30.1 GW，累计装机容量超过 200 GW。据预计，国内光伏运维市场每年将维持 4 亿至 9 亿元不等的增速，2020 年国内光伏运维市场规模将达到 76.62 亿元 / 年。

本书主要面向发电企业、电网企业、光伏企业的光伏项目建设、光伏电站运行维护及设备检修、技术管理等部门从事户用电站、工商业屋顶电站、扶贫电站等低压并网分布式光伏电站项目调试、管理、运行维护及设备检修等工作的人员。

本书从分布式光伏电站运行维护操作技能培养的角度出发，对光伏电站项目调试、光伏电站项目管理、设备维护及操作技能进行了分析与讲解；并结合光伏电站智能运维平台，对电站的安装与调试、运维与检修进行了技能训练讲解。本书共 6 章，分别为光伏电站运维基础、分布式光伏电站的接入、户用光伏电站的运行与维护、光伏扶贫电站的运行与维护、智能运维平台、光伏电站故障的分析案例等内容。

本书为校企合作教材，由杭州瑞亚教育科技有限公司组织编写，郑州市科技工业学校作为教材编写合作院校，参与了大量的工作。

本书在编写过程中参考了很多书刊、标准和文章，在此向作者们致以谢意！

编者

2021.1

目　　录

第1章　光伏电站运维基础

【知识目标】

(1)熟知电力安全基本知识。

(2)熟悉常用工具的用途,了解常用安全工器具的使用方法。

(3)了解当前光伏行业发电现状,了解分布式发电最新发展政策和行情。

(4)了解当前分布式光伏电站运维行业趋势和需求。

【能力目标】

(1)能够准确识别光伏电站危险源标识,能够开展触电的基本急救措施。

(2)能够熟练使用工具,能够使用常用仪器设备、光伏运维工器具进行检测。

(3)在一定的条件下,能正确使用安全工器具。

随着国家经济的发展和人民生活水平的逐步提高,人们对电能的依赖和要求也越来越高,光伏发电已经成为我国新能源供给的重要形式之一。根据国家可再生能源中心统计数据,到2018年年底,我国光伏发电总装机容量达到174 GW,约占全球光伏发电总装机容量的三分之一。随着我国光伏电站越来越多,如何充分发挥光伏电站的效益,提高光伏电站的运维水平,也变得越来越重要。

安全生产是一切工作的基础。了解电力场所的危险源,正确识别和规范操作是光伏电站安全生产的第一要务。本章介绍了光伏电站运行维护的基础知识,首先简单介绍了电力安全基础知识,然后介绍了光伏电站运维过程中的常用工器具及其基本使用方法,最后介绍了我国光伏电站运维产业链的发展情况。

1.1　电力安全基础知识

1.1.1　有关触电的基本知识

1.触电的种类及其概念

触电通常是指人体触及带电体,由于通过人体的电流过大而造成的伤害,分为电击和电伤两种情况。电击是指电流通过人体内部,破坏心脏、肺和神经系统等人体组织的正常工作,严重则危及人体生命安全。电伤是指由电流热效应、化学效应或机械效应等对人体造成的局部伤害,如电灼伤、金属溅伤、电烙印等。通常说的触电就是电击,触电死亡大部分是由电击造成的。

按照人体触电的方式和电流通过人体的途径,触电有以下三种情况。

(1)单相触电,即单线触电,指人体触及单相带电体的触电事故,如图1-1(a)所示。

（2）两相触电，即双线触电，指人体同时触及两相带电体的触电事故，这种情况下人体所受到的电压是线电压，通过人体的电流很大，危险性也很大，如图 1-1（b）所示。

（3）跨步电压触电，指当带电体接地有电流流入地下时，电流在接地点周围产生电压降，人在接地处两脚之间出现了跨步电压，由此引起的触电事故，如图 1-1（c）所示。

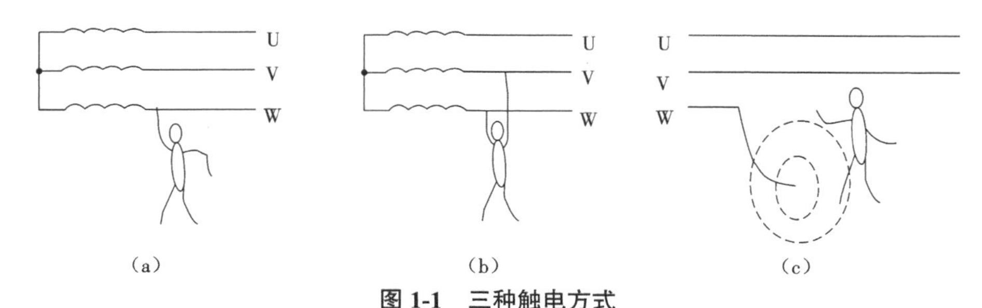

图 1-1 三种触电方式

（a）单相触电 （b）两相触电 （c）跨步电压触电

触电的危险性与通过人体的电流大小、时间长短及电流的频率有关。100 mA 的电流流经人体就会致命，40~60 Hz 的交流电比其他频率的电流更危险。

2. 发生触电事故的原因

发生触电事故的常见原因有以下几种：

（1）缺乏电气安全知识，如用湿手去拔插头；

（2）违反操作规程，如在没有任何防护措施的情况下带电作业；

（3）设备不合格，安全距离不够，如大型电器外壳没有接地，没有采取必要的安全措施就在高压线附近进行作业；

（4）设备失修，如高压线落地未及时处理。

以上无论是主观原因还是客观原因引起的触电，都应当提前预防，尽量避免触电事故发生。当然，也有偶然原因的情况存在，如遭受雷击等。

1.1.2 触电急救方法

如果遇到触电情况，要沉着冷静、迅速果断地采取应急措施。针对不同的伤情，采取相应的急救方法，争分夺秒地抢救，直到医护人员到来。

1. 触电的应急措施

触电急救的要点是动作迅速、救护得法。如发现有人触电，首先要使触电者尽快脱离电源，然后根据具体情况进行相应的救治。如图 1-2 所示，如开关箱在附近，可立即拉下闸刀或拔掉插头，断开电源；如距离开关较远，应迅速用有良好绝缘的电工工具或有干燥木柄的利器（斧、锹）砍断电线，或用干燥的木棒、竹竿、硬塑料管等迅速将电线拨离触电者；若现场无任何合适的绝缘物可利用，救护人员亦可用几层干燥的衣服将手包裹好，站在干燥的木板上，拉触电者的衣服，将其拖离电源；对于高压触电，应立即告知有关部门停电，或迅速拉下开关，或由有经验的人采取特殊措施切断电源。

图 1-2　触电的应急措施

【试一试】模拟各种条件下发生触电的应急措施。

2. 对触电者对症救治

(1)对于轻微症状者,在观察确认情况稳定后,方可让其正常活动。

(2)对轻度昏迷或呼吸微弱者,可采取针刺或掐人中、涌泉等穴位,并送医院救治。

(3)对于严重症状者,首先应拨打 120 急救电话,再做应急处理。

①对触电后无呼吸但心脏有跳动者,应立即采用口对口人工呼吸;对有呼吸但心脏停止跳动者,则应立刻采取胸外心脏挤压法进行抢救,如图 1-3 所示。

②如触电者心跳和呼吸都已停止,则必须同时采取人工呼吸和俯卧压背法、仰卧压胸法、胸外心脏挤压法等措施交替进行抢救。

图 1-3　触电急救

【试一试】利用以上所学触电急救方法进行急救演练,建议 2 人一组。

1.1.3　光伏电站危险源的识别

光伏系统的运维是通过预防性、周期性的维护以及定期的设备设施检测等手段,科学合理地对运行寿命中的电站进行管理,以保障整个系统的安全、稳定、高效运行,保证投资者的收益回报,其中安全保障是运维工作的基础和关键。近年来,随着国内光伏产业的迅猛发展，光伏系统正处于建设的热潮中，光伏系统的建设质量问题、安全问题频频爆发，越来越多的光伏电站面临运维的难题，科学、可靠的光伏电站运维方案也成了目前业内研究的一个热点。诸如设计缺陷、设备质量缺陷、施工不规范等问题，不仅给光伏电站带来发电量损失，也加大了运维工作的难度，并且使运维工作本身存在更大的安全风险，如果运维过程中操作不当，同样会造成人员伤亡和重大财产损失。

在分布式光伏系统的运维工作中，存在多种风险，按照不同的运维工作过程，对光伏系统的正常运行过程、巡视过程、组件清洗过程、检修过程、极端天气和突发情况共 5 种不同的情况进行风险源识别。

1. 正常运行过程中存在的危险源

当光伏系统设计合理、施工规范、设施设备质量合格时，在正常的运行过程中安全风险比较小。但正常运行的光伏电站也存在危险源。

（1）组件钢化玻璃自爆。晶体硅光伏组件的正面一般使用钢化玻璃（部分组件双面都是钢化玻璃），钢化玻璃在贮存、运输、使用过程中无直接外力作用下可能发生自动炸裂，即自爆现象，大部分钢化玻璃产品的自爆率在 0.3% ~3%。光伏组件使用的钢化玻璃在运行中自爆会导致组件丧失机械完整性和密封性，水汽一旦侵入组件内部，很容易造成组件漏电，自爆的组件遇到下雨或者潮湿天气则更危险，因此存在很大的安全隐患，必须更换。

（2）组件的“热斑效应”及自燃现象。在一定的条件下，光伏组件中缺陷区域成为负载，消耗其他区域所产生的能量，导致局部过热，这种现象称为“热斑效应”。高温下严重的热斑效应会导致电池局部烧毁、焊点熔化、栅线毁坏、封装材料老化等永久性损坏，局部过热还可能导致玻璃破裂、背板烧穿，甚至导致组件自燃、发生火灾等，如图 1-4 所示。组件的“热斑效应”是造成组件自燃的最重要原因，除此之外，雷击、接线盒问题、连接器虚接也都有可能导致组件自燃，如图 1-5 所示。

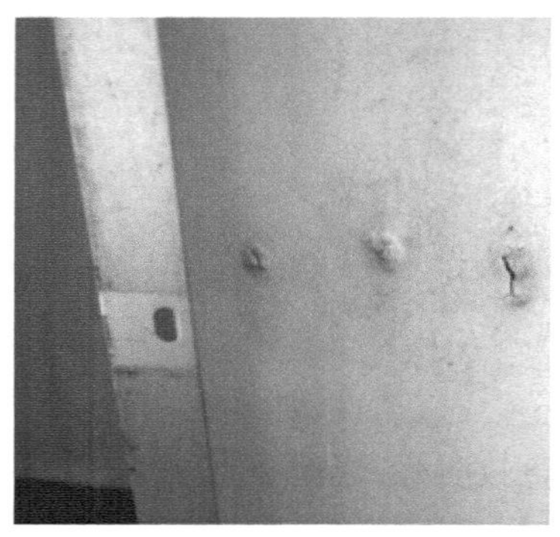
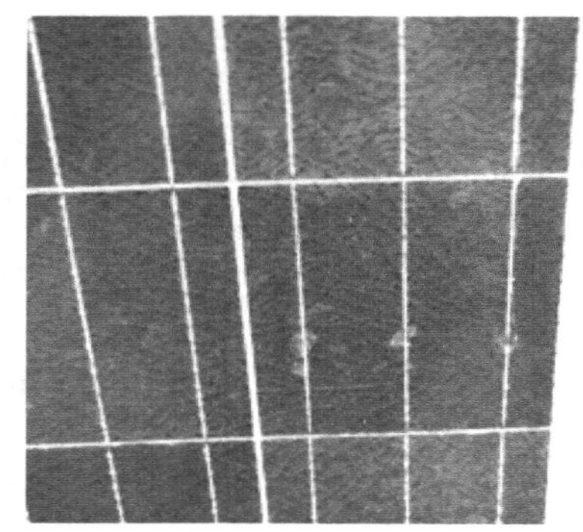

图 1-4 热斑造成的损坏

图 1-5　组件发生自燃的光伏系统

（3）线缆的虚接、老化。线缆是光伏系统的重要组成部分，也是容易破损的材料，不规范的施工可能带来很大的安全隐患。常见的问题有：组件、汇流箱、逆变器等电气设备的电缆接头连接不牢（即虚接），虚接将导致设备运行时接触点的电阻很大、发热异常，存在自燃危险；电缆在施工过程中不慎被扎破，如果破损部位与金属部件接触，将导致正极或者负极接地，造成人员触电；组件的电缆未收纳进背板下或者未走线槽，直接在阳光下暴晒，使电缆表面绝缘材料很容易老化，绝缘等级降低；电缆泡在水中或者潮湿的环境下，绝缘等级也容易降低。施工造成的线缆质量问题如图 1-6 所示。

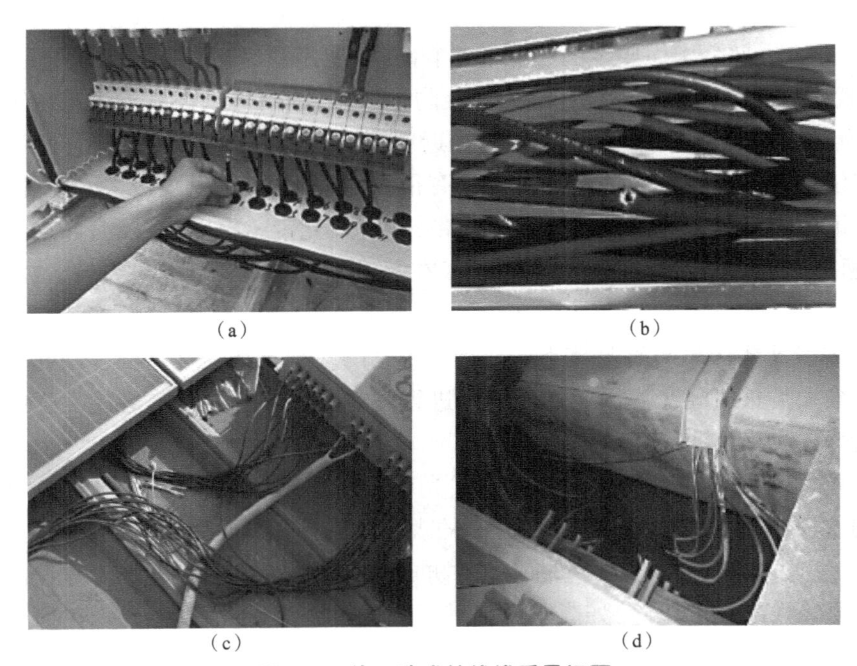

图 1-6　施工造成的线缆质量问题

（a）汇流箱内电缆虚接　（b）线槽内电缆破损　（c）线缆杂乱、未走线槽、在阳光下暴晒　（d）电缆泡水

（4）电气设备进水或者异物。室外使用的电气设备必须具有良好的密封性和入侵防护（Ingress Protection，IP）等级，但部分设备由于本身质量不合格或者安装方式不合理，使水汽或者异物容易进入。如早年建设的极个别项目使用了无边框的组件，边缘的密封性极差，水

汽直接进入了组件内部；部分彩钢瓦屋顶的电站将汇流箱沿着屋顶坡面安装，下雨时水很容易进入箱体内；有些汇流箱甚至由于密封性不好，有青蛙等小动物进入，如图 1-7 所示。这些都很容易造成组件、汇流箱内部短路。

（a）

（b）

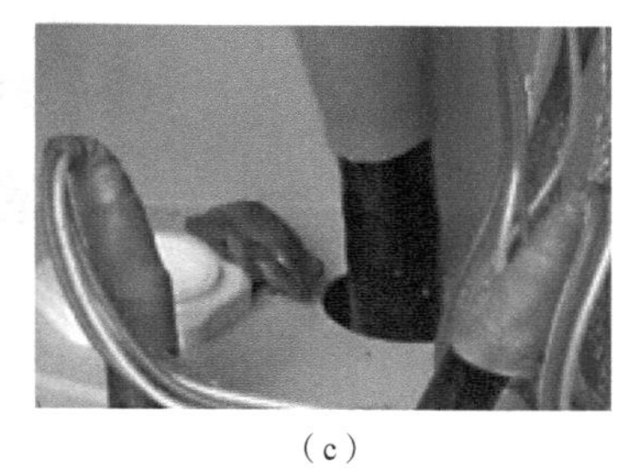

（c）

图 1-7 进水或者异物的电气设备

（a）无边框导致进水的组件 （b）平装导致进水的汇流箱 （c）进入小动物的汇流箱

2. 巡视过程中存在的危险源

（1）登高。登高是分布式光伏系统运维过程中经常需要面临的，很多屋顶电站需要通过爬梯到达电站现场，这些爬梯的高度往往超过 2 m，即属于高处作业，大部分爬梯都没有按照高处作业的要求设置休息平台，部分直爬梯甚至没有任何护栏，运维人员在上下爬梯时如果稍有不慎，就容易失足坠落，安全隐患极大。除了爬梯外，屋顶的边缘也是很容易发生坠落的地方。大部分水泥屋顶的边缘都建有防护墙，而彩钢瓦屋顶则往往没有，而且早期建设的很多彩钢瓦屋顶电站都未在边缘安装防护栏杆，运维人员在靠近边缘行走时容易失足坠落。为了增加装机容量，部分项目在靠近屋顶边缘的位置也安装了组件、汇流箱等设备，在这些位置进行巡视和临边作业时都具有很大的危险，安全风险极大。此外，为了节省照明成本，很多彩钢瓦屋顶都建有塑料采光带，这些采光带承重能力很弱，如果上面不设置人行走的通道，又没有醒目的警示标识，若人在屋顶行走时不慎踏在采光带上，就可能发生坠落。

（2）高温及恶劣天气导致身体不适。光伏电站的巡视工作经常需要在阳光很强的天气下进行，运维人员长时间在高温工作环境中进行高空、高强度的作业，容易发生中暑或者其他身体不适，必须及时进行有效救护。

（3）环境恶劣的电站现场。部分分布式光伏系统建设在排放废气的厂房屋顶，为了保证光伏系统的安全性和发电量，在这种恶劣的现场就需要加大日常巡视的频率，因此巡视时运维人员要注意自身的防护，必要时应佩戴防毒面具。对有些在危险场合建设的光伏系统巡视时，还要警惕潜在的风险，如广东深圳某屋顶光伏系统，下面是一个木工房，逆变器、交流配电柜等电气设备直接安装在木工房内，而这些设备的 IP 防护等级较低，导致设备内的元件、线缆表面蒙上一层木屑，存在很大的风险。

（4）夜间巡视。夜间巡视时应注意保证足够的照明，特别是彩钢瓦屋顶的边缘和采光带附近，稍有不慎就可能坠落。

3. 组件清洗过程中存在的危险源

灰尘遮挡是影响光伏电站发电量的重要因素，因此对组件的清洗是日常运维的一项重点工作,但运维人员往往容易忽视组件清洗过程中的触电风险。破裂的组件、绝缘失效的电缆、密封性差的汇流箱等电气设备都有可能在清洗过程中进水漏电,使清洗人员触电,彩钢瓦屋顶的漏电甚至可能导致整个屋顶导电,造成更严重的后果。此外,在组件表面温度高的中午清洗还有可能因为温度急剧变化造成组件炸裂。

4. 检修过程中存在的危险源

(1)拉弧。在光伏电站的运维过程中经常需要对部分设备进行检修,部分破损的设备可能需要更换,在检修和施工过程中对设备的不当操作很容易导致意外的发生,最常见的风险是直流拉弧。由于直流电没有自动灭弧的功能,当处于工作状态的线路直接断开时就容易拉弧,在组串式逆变器、直流汇流箱、组串的开关和连接线处都有可能发生,一旦发生拉弧,轻则使接头、熔断器烧毁,重则会引起火灾。不规范的施工也可能给运维人员的检修工作带来很大的风险,如广东南沙某光伏电站由于组串接入直流汇流箱时正负极接反,运维人员在合闸后汇流箱内部发生短路并引起火灾,导致整个汇流箱烧毁。

(2)触电。在运维的过程中很多情况都可能导致发生触电,无电工证的人员作业、带电操作、未佩戴防护用具操作、设备漏电保护失效、线缆破损、环境湿度高等,都可能增大触电的风险。

5. 极端天气和突发情况中存在的危险源

按自然因素和人为因素分,分布式光伏系统在全寿命周期内可能遇到极端天气和突发情况,都会给运维工作带来很大的危险,一方面使施工质量良莠不齐的电站面临很大的挑战,另一方面也考验着运维团队在灾前的防控能力和灾后的处理能力。

(1)自然因素。台风、暴雨、冰雹、雷击、地震等各种极端天气和自然灾害会给光伏系统带来很大冲击,尤其是广东、海南等地几乎每年都会遭受台风的侵袭,组件被卷走、支架被吹翻、方阵被水浸泡等事故屡见不鲜,有些抗风等级不够的屋顶甚至被吹塌。

(2)人为因素。电站还可能遭受人为突发事件的影响,如佛山某地一个机械厂的屋顶电站,因为工厂的工人违规操作导致厂房突然发生爆炸,使屋顶的光伏方阵和线缆、地面的逆变器受到大面积的严重损坏。由于光伏发电的特性,在白天无法人为切断光生电压,因此事后运维人员的灾后处理存在很大的风险。

分布式光伏电站的安全可靠运行是运维工作的目标,而运维过程本身也存在着众多容易被忽视的安全隐患,运维人员在工作过程中经常面临人身和财产受到损害的风险。分布式光伏发电作为一个快速发展中的行业,在设计、施工、设备质量控制等各个环节都容易发生漏洞,运维工作应该多管齐下、加强管理、防患于未然,才能减少工作中的安全风险。

1.2　常用工器具的使用方法

1.2.1　常用仪器仪表的使用

光伏电站用到的测试仪器仪表有万用表、钳形电流表、摇表(兆欧表)、红外热像仪、温度记录仪、太阳辐射传感器、I-V曲线测试仪、电能质量测试仪、绝缘电阻测试仪、接地电阻测试仪等。

下面介绍几种常用的测试仪器，其他仪器仪表的使用可以参考仪器仪表的使用说明书。

1. 万用表

万用表是一种便携式仪表，是电力电子等部门工作者不可缺少的测量仪表。万用表按显示方式分为指针万用表和数字万用表(图 1-8)，是一种多功能、多量程的测量仪表。一般万用表可测量电阻、直流电流、直流电压、交流电流、交流电压等，有的还可以测量电容量、电感量及半导体的一些参数等。

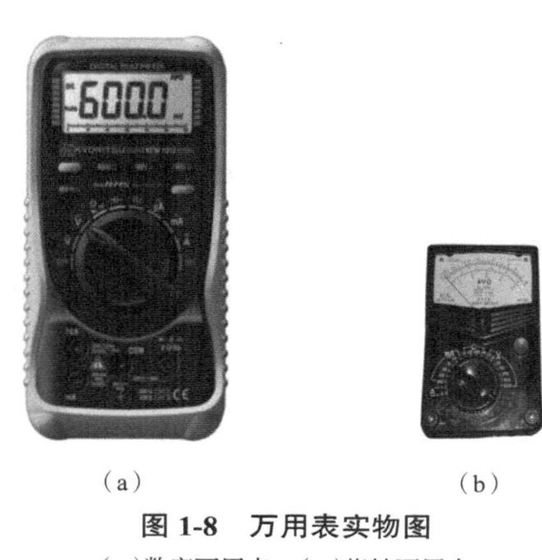

(a) (b)

图 1-8 万用表实物图

(a)数字万用表 (b)指针万用表

数字万用表是目前比较常用的一种数字仪表，它的主要特点是准确度高、分辨率高、测试功能多、测量速度快、显示直观、省电、携带方便等。数字万用表已成为现代电力电子测量与维修工作的必备仪表。数字万用表种类繁多，型号各异。

指针万用表的使用注意事项如下。

(1)使用前应熟悉万用表各项功能，根据要进行测量的物理量，正确选用挡位、量程及表笔插孔。

(2)测量前要先估算被测量的大小，当无法估计被测物理量的大小时，应先将万用表量程开关置于最大量程，而后由大量程逐步往小量程的挡位切换，最终使万用表指针指示在满刻度的二分之一以上，即可进行读数。

(3)指针万用表在测量电阻之前要进行“机械调零”，即在旋钮拨到某挡位后，将两表笔短接使指针指在零位，如指针偏离零位，应调节“调零”旋钮，使指针归零，以保证测量结果的准确性。

(4)在测试某电路电阻时，必须切断被测电路的电源，不得带电测量。

使用万用表进行测量时，首先要注意人身和仪表设备的安全，测量过程中不得用手接触表笔的金属部分，不得带电进行挡位开关的切换，以确保测量准确，并避免发生触电和损坏仪表等事故。

【试一试】尝试用数字万用表和指针万用表测量电阻，比较两者使用的差异。

2. 钳形电流表

通常用普通电流表测量电流时，需要将电流表串联接入线路中，才能进行测量。钳形电流表可以在不切断电路的情况下测量电流，它由电流互感器和电流表组合而成。根据工作原理不同，钳形电流表可分成两类：采用电磁式电流互感器制作的钳形电流表，只能测量交流电流；采用霍尔电流传感器制作的钳形电流表，可以测量交直流电流。目前，有新式的钳形电流表，甚至包括温度、电容量、频率、三相交流电源的相序测量等多种功能。如图 1-9 所示，在按下扳手时可以张开钳形电流表的钳口，被测电流的导线可以穿过张开的钳口，然后放开扳手，即可进行测量。

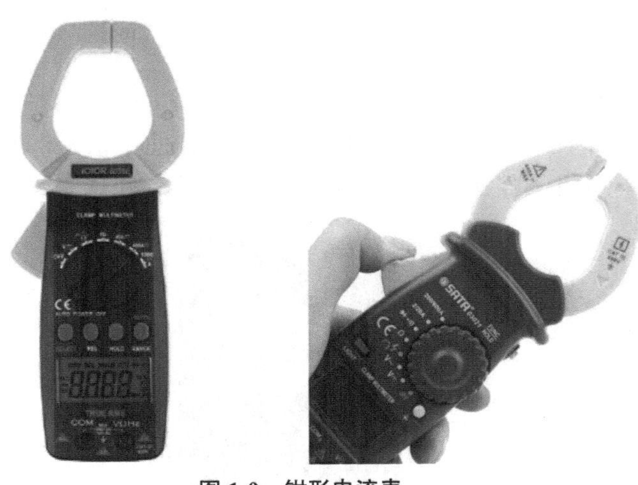

图 1-9　钳形电流表

在测量时，一般每次只能测量一根导线的数值，如图 1-10 所示。钳形电流表有量程转换开关，可以通过转换开关改换量程，需要注意的是，转动转换开关时禁止带电操作。钳形电流表一般准确度不高，通常为 2.5~5 级。

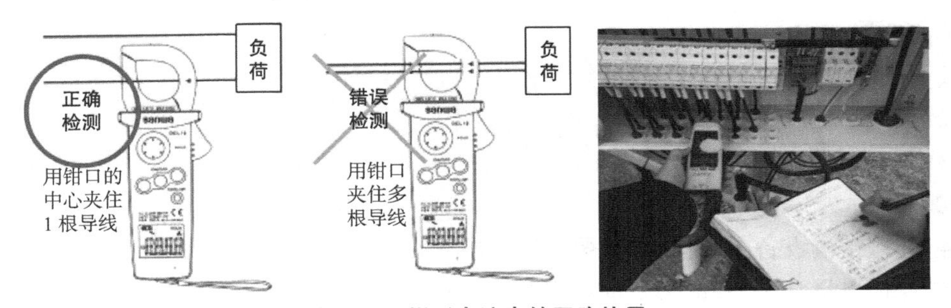

图 1-10　钳形电流表的正确使用

钳形电流表的使用注意事项如下。

（1）进行导线的电流测量时，被测导线应放在钳口中央。

（2）进行测量前，应估计被测电流的大小，选择合适的量程。对于无法估计电流大小的情况，应选择最大量程。观察显示数值，收回钳形电流表，适当减小量程，再继续测量。切记不能在测量时转换量程。

（3）由于钳形电流表是利用电流互感器的原理进行测量的，所以钳口（铁芯）是否闭合紧密，是否有大量剩磁，以及测量点环境磁场情况，都会影响测量结果。

（4）当测量 5 A 以下电流时，为了测量值的准确，应绕圈测量。可将被测导线在铁芯上多绕几圈来改变互感器的电流比，以增大电流量程。

（5）测量高压电缆各相电流时，电缆头线间距离应在 300 mm 以上，且绝缘良好。读取被测量值的大小时，要特别注意保持身体与带电部分的安全距离。

（6）当电缆有一相接地时，严禁测量，防止出现因电缆头的绝缘水平低发生对地击穿爆炸而危及人身安全。

（7）钳形电流表测量结束后应把量程转换开关转至最大量程。

3. 绝缘电阻测试仪

绝缘电阻测试仪是绝缘测试仪的一种，用来将两点之间的绝缘性以电阻形式测量出来，如图 1-11 所示。生活中的绝缘体并非绝对绝缘，该仪器通过将高压直流电应用到测量设备上，测量电流并计算电阻，测量用的直流电压一般在 250~5 000 V。

图 1-11 绝缘电阻测试仪

当使用绝缘电阻测试仪时，应切断被测设备电源，并对地短路放电后再进行测量。测量基本方法如下：

（1）对被测设备进行断电、放电处理；

（2）调整量程旋钮到 0（图 1-11 中左下旋钮）；

（3）根据被测设备情况，选择测量直流电压量程（图 1-11 中右下旋钮，量程刻度为 50~1 000 V）；

（4）连接被测设备，顺时针方向缓慢转动量程旋钮，直到最大量程；

（5）保持测量状态，并记录测量数值；

（6）调整量程旋钮到 0，断开被测设备。

1.2.2 常用运维工具的使用

光伏电站的常用运维工具主要是指拆装、检修各类设备和元器件时使用的工具。

1. 尖嘴钳

尖嘴钳头部尖细，适用于在狭小的工作空间内操作，如图1-12所示。

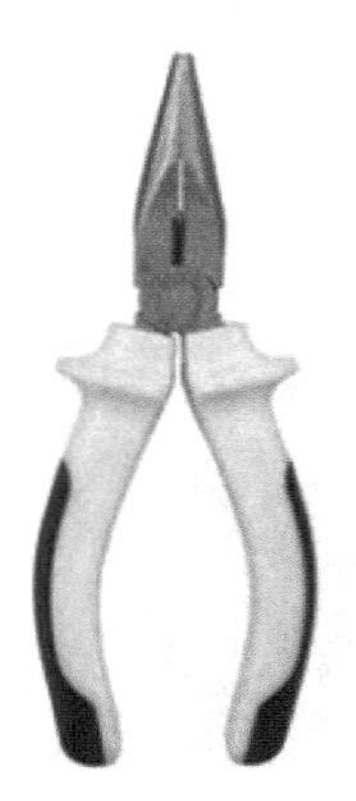

图1-12 尖嘴钳

尖嘴钳可用来剪断较细小的导线，还可用来夹持较小的螺钉、螺帽、垫圈、导线等，也可用来对单股导线进行整形（如平直、弯曲等）。若使用尖嘴钳带电作业，应检查其绝缘是否良好，并且在作业时不能使金属部分触及人体或邻近的带电体。

2. 斜口钳

斜口钳专用于剪断各种电线、电缆，如图1-13所示。

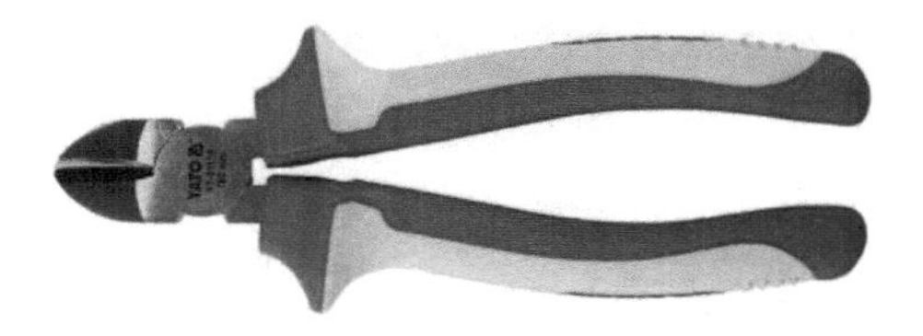

图1-13 斜口钳

对粗细不同、硬度不同的电线、电缆，应选用大小合适的斜口钳。

3. 钢丝钳

钢丝钳在电工作业时用途广泛，如图1-14所示。钢丝钳的钳口可用来弯绞或钳夹导线线头；齿口可用来紧固或起松螺母；刀口可用来剪切导线或钳削导线绝缘层；铡口可用来铡切导线线芯、钢丝等较硬线材。

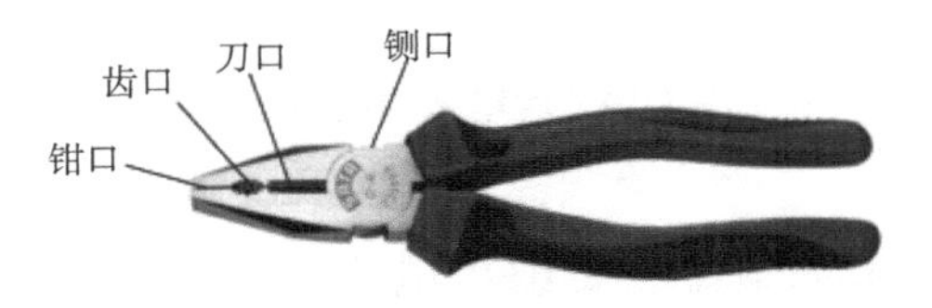

图1-14 钢丝钳

4. 剥线钳

剥线钳如图 1-15 所示，使用剥线钳剥削导线绝缘层时，先将要剥削的绝缘层长度用标尺定好，然后将导线放入相应的刃口中（比导线直径稍大），再用手将钳柄一握，导线的绝缘层即被剥离。

图 1-15 剥线钳

5. 验电笔

验电笔又称试电笔或低压验电器，如图 1-16 所示。使用时，必须手指触及验电笔尾的金属部分，并使氖管小窗背光且朝向自己，以便观测氖管的亮暗程度，防止因光线太强造成误判断。其使用方法如图 1-17 所示。

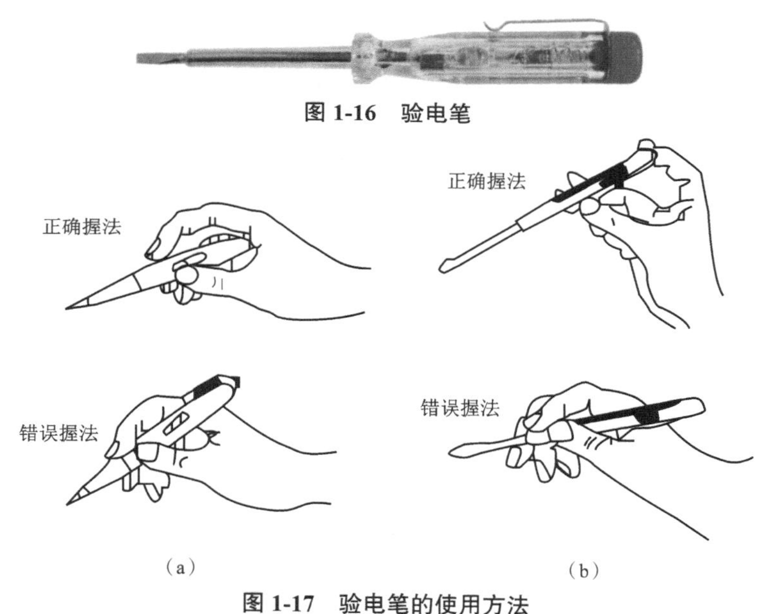

图 1-16 验电笔

图 1-17 验电笔的使用方法

（a）笔式 （b）螺丝刀式

当用验电笔测试带电体时，电流经带电体、电笔、人体及大地形成通电回路，只要带电体与大地之间的电位差超过 60 V，验电笔中的氖管就会发光，如图 1-18 所示。低压验电器检测的电压范围为 60~500 V。

图 1-18　验电笔的检验

【试一试】请同学课后对以上几种基本工具进行试用，并熟练掌握使用方法。

1.2.3　常用安全工器具的使用

光伏电站安全工器具是指为防止触电、灼伤、坠落、摔跌等事故，保障工作人员人身安全的各种专用工具和器具，常用的有安全帽、安全带、梯子、脚扣、绝缘手套、绝缘靴、安全围栏、安全标示牌等。

安全工器具使用前应进行外观检查；对安全工器具的机械、绝缘性能产生疑问时，应进行试验，合格后方可使用；绝缘安全工器具使用前应擦拭干净。

1. 安全帽

安全帽如图 1-19 所示。普通安全帽是一种用来保护工作人员头部，使头部免受外力冲击伤害的帽子。

图 1-19　安全帽

高压近电报警安全帽是一种带有高压近电报警功能的安全帽，一般由普通安全帽和高压近电报警器组合而成。

安全帽的使用期，从产品制造完成之日起计算。植物枝条编织帽不超过两年，塑料帽、纸胶帽不超过两年半，玻璃钢（维纶钢）橡胶帽不超过三年半。使用安全帽前应进行外观检查，安全帽的帽壳、帽箍、顶衬、下颚带、后扣（或帽箍扣）等部件应完好无损，帽壳与顶衬间的缓冲空间在 25~50 mm。安全帽戴好后，应将后扣拧到合适位置（或将帽箍扣调整到合适的位置），锁好下颚带，防止工作中前倾后仰或由其他原因造成的滑落。

高压近电报警安全帽使用前应检查其音响部分是否良好，但不得作为无电的依据。

2. 安全带

安全带如图 1-20 所示。安全带是预防高处作业人员坠落伤亡的个人防护用品，由腰带、围杆带、金属配件等组成。安全绳是安全带上面保护人体不坠落的系绳。

图 1-20 安全带

安全带使用期一般为 3~5 年，发现异常应提前报废。安全带的腰带和保险带、绳应有足够的机械强度，材质应具有耐磨性，卡环（或钩）应具有保险装置。保险带、绳使用长度在 3 m 以上的应加缓冲器。

3. 梯子

梯子是由木料、竹料、绝缘材料、铝合金等材料制作的用于登高作业的工具，如图 1-21 所示。

图 1-21 梯子

4. 脚扣

脚扣是用钢或合金材料制作的用于攀登电杆的工具，如图 1-22 所示。

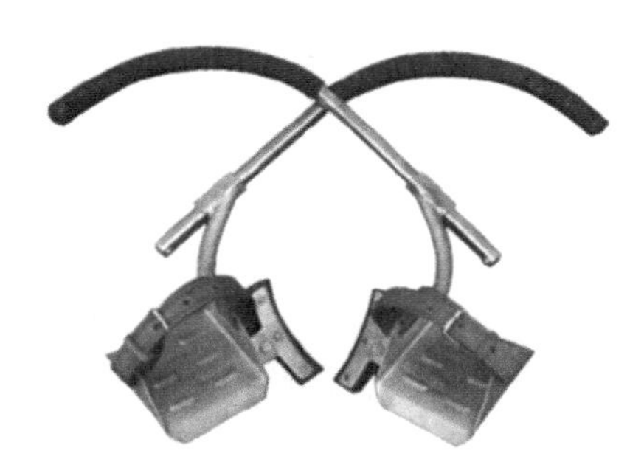

图 1-22 脚扣

正式登杆前，要在杆根处用力试登，判断脚扣是否有变形和损伤。登杆前应将脚扣登板的皮带系牢，登杆过程中应根据杆径粗细随时调整脚扣尺寸。在特殊天气使用脚扣时，应采取防滑措施。严禁从高处往下扔摔脚扣。

5. 绝缘手套

绝缘手套是由特种橡胶制成的，起电气绝缘作用的手套，如图 1-23 所示。绝缘手套在使用前必须进行充气检验，发现有任何破损则不能使用。绝缘手套在进行外观检查时，如发现有发黏、裂纹、破口（漏气）、气泡、发脆等损坏时应禁止使用。进行设备验电、倒闸操作、装拆接地线等工作时应戴绝缘手套。使用绝缘手套时应将上衣袖口放入手套筒口内，以防发生意外。使用后，应将绝缘手套内外污物擦洗干净，待干燥后，撒上滑石粉放置平整，并防受压受损，且勿放于地上。

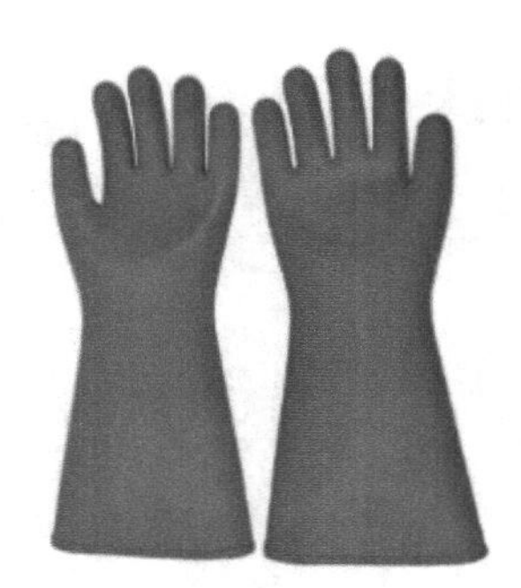

图 1-23　绝缘手套

6. 绝缘靴

绝缘靴是由特种橡胶制成的，用于使人体与地面绝缘的鞋子，如图 1-24 所示。绝缘靴使用前应检查，不得有外伤，且无裂纹、无漏洞、无气泡、无毛刺、无划痕等缺陷。如发现有以上缺陷，应立即停止使用并及时更换。

图 1-24　绝缘靴

7. 安全围栏

安全围栏如图 1-25 所示。使用安全围栏是在通常情况下进行围护、隔离、隔挡所采取的措施。

图 1-25 安全围栏

8. 安全标示牌

安全标示牌包括各种安全警告牌、设备标示牌等，如图 1-26 所示。

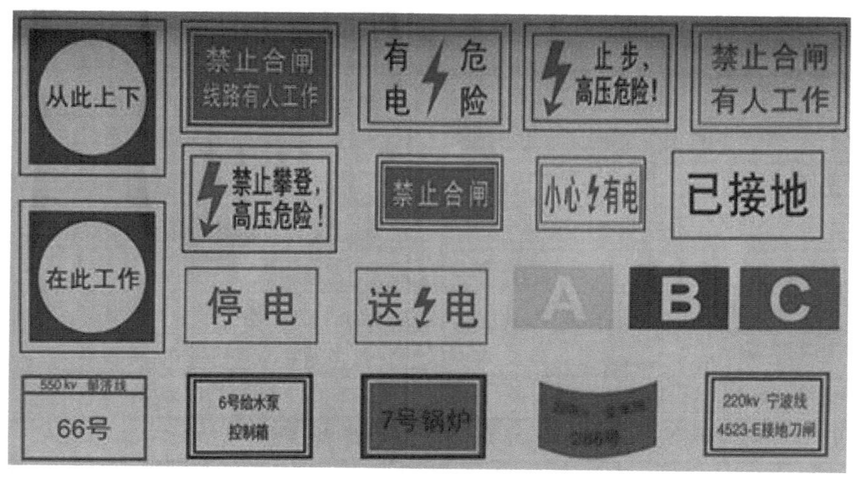

图 1-26 安全标示牌

【试一试】在条件允许的情况下，由老师或者工程师带领进行以上安全工器具的正确穿戴训练。

1.2.4 光伏电站常用运维工器具的使用

1. 红外热像仪

红外热像仪（图 1-27）是一种利用红外热成像技术将物体发出的不可见红外光转变为可视图像的设备，可视图像上面的不同颜色代表被测物体的不同温度。

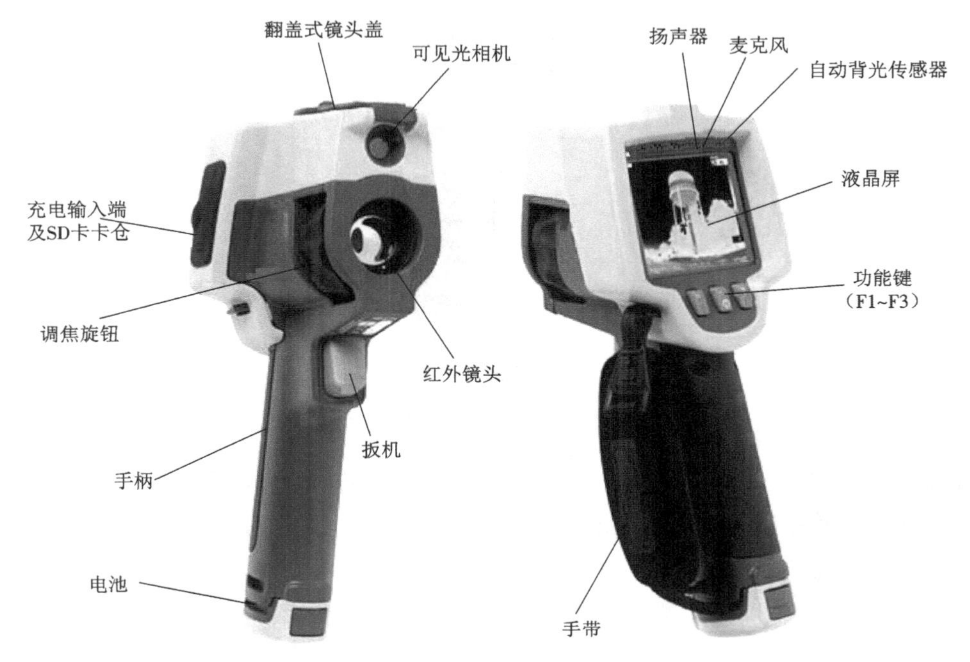

图 1-27　红外热像仪

在光伏电站的具体应用中，红外热像仪可用于检测光伏组件、汇流箱和高压变压站的元器件。引进红外热像仪检测技术，对于光伏电站运维工作中的常规巡检、故障诊断、故障提前预防及光伏电站发电效率的分析都有很大的帮助，可以促进运维制度的改革，大大减少运维的成本。如图 1-28 所示为使用红外热像仪检测配电箱情况。

图 1-28　使用红外热像仪检测配电箱

2. 红外温度计

红外温度计是一种利用红外辐射原理测量温度的温度计，可用于测量物体的表面温度。如图 1-29 所示为某品牌手持式红外温度计。

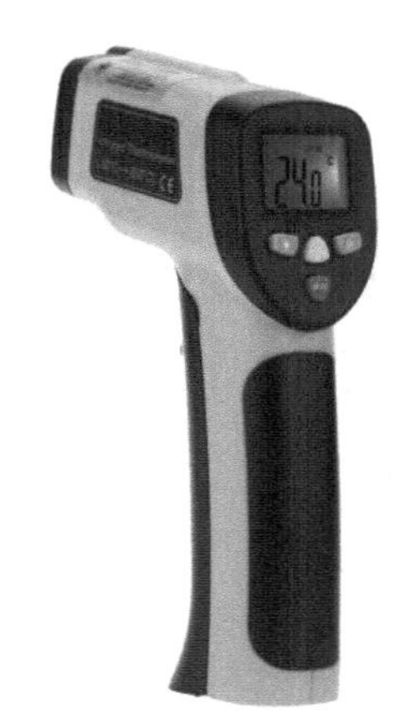

图 1-29　手持式红外温度计

在光伏电站中，红外温度计用于检查光伏组件、汇流箱、电源接头等处的温度，避免过热引发其他故障。其作用与红外热像仪类似，可以检查某一点的温度值，以供运维人员参考。

3. 电能质量测试仪

在光伏电站中，电能质量测试仪是一种检测上网交流电能质量的仪器。它主要监测上网交流电的频率、电压偏差、三相电压不平衡、公用电网谐波、电压波动和闪变等指标。

电能质量测试仪可分为便携式和在线式两类，如图 1-30 所示。一般商业屋顶光伏电站需要安装电能质量在线测试仪，具体的可根据各地电力部门接入系统方案的要求执行。

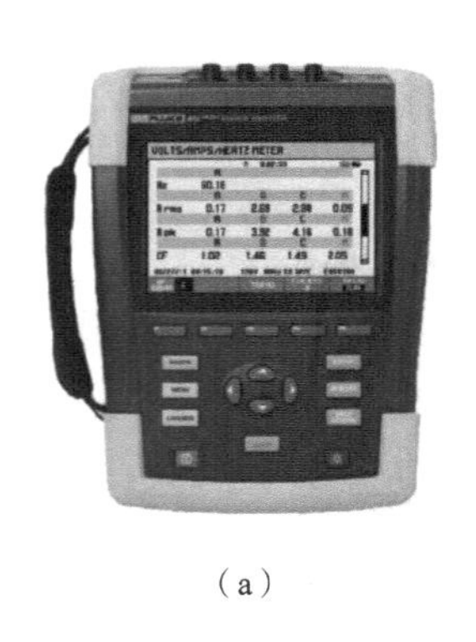

(a)

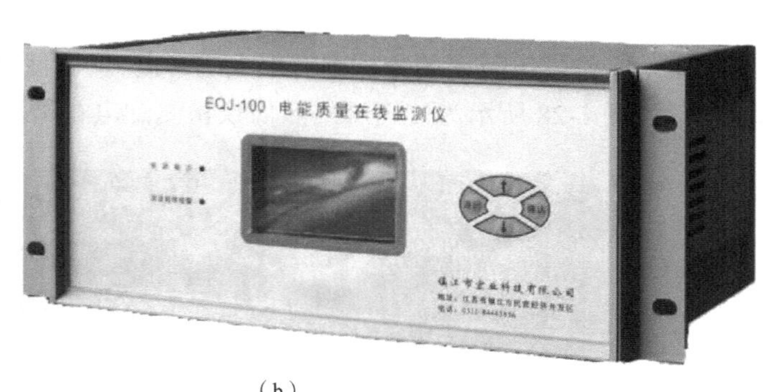

(b)

图 1-30　电能质量测试仪

(a)便携式　(b)在线式

4. *I-V* 曲线测试仪

I-V 曲线测试仪是对太阳能光伏系统进行日常和定期维护的一种专用仪器，广泛应用于光伏电站的安装、监造、验收、年检、日常维护等环节。

I-V 曲线测试仪可以用于测量单个太阳能光伏组件或光伏串的 *I-V* 特性和主要性能参数。太阳能电池组件串并联时，由于离散性，相同工作电压条件下的最佳效率点会不一致，这将导致光伏阵列出现效率的损失。这种由于太阳能电池组件 *I-V* 曲线之间失配而带来的损失，称为“联结损耗”。由于“联结损耗”的存在，使得由多个太阳能电池组件联成的阵列效率总是低于单个电池组件的发电效率。在光伏发电站安装、监造、验收、年检时，可使用大

功率的光伏阵列 *I-V* 曲线测试仪对光伏阵列进行检验检测，核实光伏组件工作性能及安装合理性。如图 1-31 所示为某 *I-V* 曲线测试仪的外观和测试接线图。

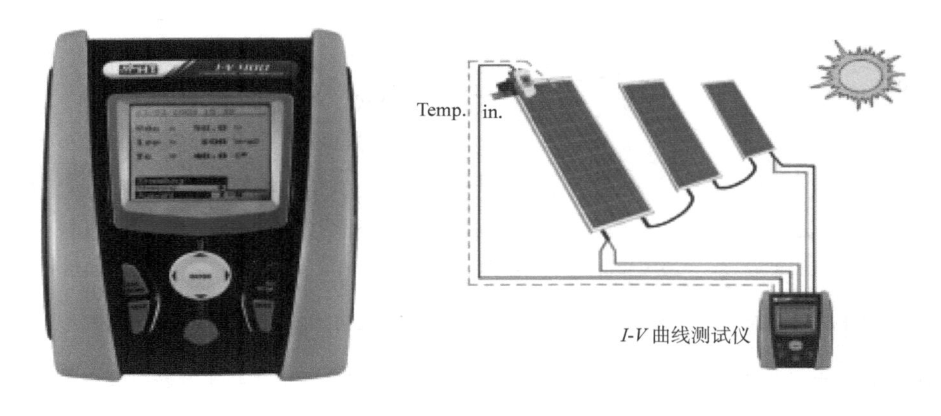

（a）　（b）

图 1-31　*I-V* 曲线测试仪的外观和测试接线图

（a）外观　（b）测试接线图

1.3　分布式光伏电站现状与运维产业

1.3.1　分布式光伏电站的现状

除我国以外，世界上其他国家的光伏发电主要以分布式发电为主，前几年约占光伏发电系统装机容量的 80% 以上。由于国家政策导向，到目前为止，我国的光伏发电还是以集中式光伏发电为主。近几年来，国家对分布式光伏发电一直采取积极鼓励的态度，并出台了一系列扶持措施。尤其是《电力发展“十三五”规划（2016—2020 年）》对分布式光伏设定了超常规发展目标：2021 年，太阳能发电装机达到 1.1 亿 kW 以上，分布式光伏 6 000 万 kW 以上。我国太阳能光伏发电也逐渐从集中式向分布式发展，如图 1-32 所示，到 2018 年年底，我国的分布式光伏发电装机容量占光伏发电总装机容量的 29%。

我国西部有大量的荒漠地区，而且这些荒漠地区的太阳能资源很丰富，非常便于发展集中式光伏电站，但这些地区用电负荷低，电力就地消纳能力差，需要将光伏系统发出的电力经过远距离传输到用电负荷大的东部省份。但我国的电力输送能力有限，加之光伏发电具有波动性，使得大规模电力输送更加困难，从而导致西部地区的弃光现象。在东部经济发达地区大力发展分布式光伏发电具有非常大的意义。

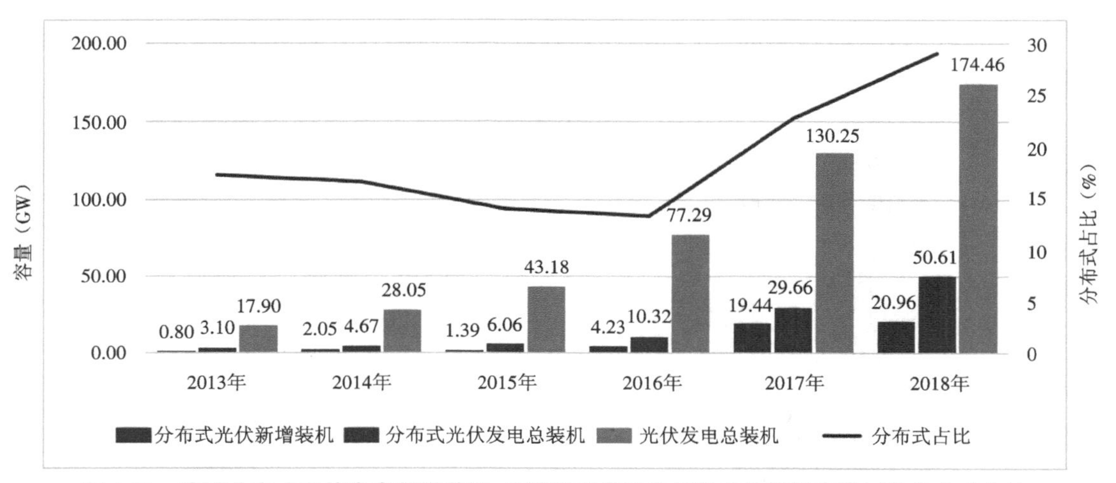

图 1-32　我国分布式光伏发电新增装机、总装机容量和光伏发电总装机容量以及分布式占比

（1）经济效益：分布式光伏发电经济节能，主要体现在自发自用，多余电能可以通过国家电网卖给供电公司，从而大大节约电费，还能拿补贴（国家、省、市等的补贴）。

（2）隔热降温：用户安装分布式光伏发电设备，夏季可以隔热降温（3~6 ℃），冬季可以减少热传递。

（3）绿色环保：分布式光伏发电项目在发电过程中没有噪声，也不存在光污染和辐射，是真正意义上的零排放、零污染的静态发电。

（4）美观个性：将建筑学或美学及光伏技术完美结合在一起，可以使整个屋面看起来美观大气，科技感强，并且提升了房产本身的价值。

（5）优越性：分布式光伏发电能够在一定程度上缓解局部地区的用电紧张状况，弥补大电网稳定性的不足，在意外发生时继续供电，成为集中供电不可或缺的重要补充。

未来随着国家和地方分布式光伏发电政策的落实，分布式光伏发电投融资体系建设将逐步完善，分布式光伏发电备案、并网、补贴等政策执行力度和效率将得到加强，分布式光伏发电将迎来快速发展期。可以预测，随着国家新能源建设的力度不断加大，未来分布式光伏发电占据 50% 的市场空间是必然的，也是可行的。城市和乡镇的分布式光伏市场容量巨大，如图 1-33 所示。尤其是乡村住宅，适合安装光伏发电的住宅约 2 亿套，按 100% 的住宅安装光伏发电，每户以 3 kW 计算，装机容量 6 000 亿 kW，市场份额 6 万亿元。

图 1-33　城市和乡镇分布式光伏市场容量分布

1.3.2　分布式光伏电站的运维产业

随着产业环境的变化和我国光伏发电产业政策的调整，我国的光伏发电行业经历了从集中式光伏发电到分布式发电的转变，光伏电站的运维市场也悄然发生着一些变化。集中式光伏电站的运维工作，一般是由业主来承担；而分布式光伏电站有着分布式、小规模化的典型特征，业主自行承担的成本较高，一般来说其运维工作会交由第三方运维公司来承担。

我国的光伏产业发展时间较短，虽然近几年来光伏装机容量增长迅速，但是与西方发达国家相比，在光伏电站的运维方面还需要积累更多的经验。目前，我国光伏电站的运维普遍存在的问题有：

（1）光伏电站发电量性能（PR）提升空间较大；

（2）设备故障频发，待机时间较长；

（3）安全隐患多，日常管理不科学；

（4）对运维的重要性认识不足。

建立科学合理的运维体系，涉及先进的运维管理体系、过程结果管控、运维评价体系、持续优化改进等方面，如图 1-34 所示。

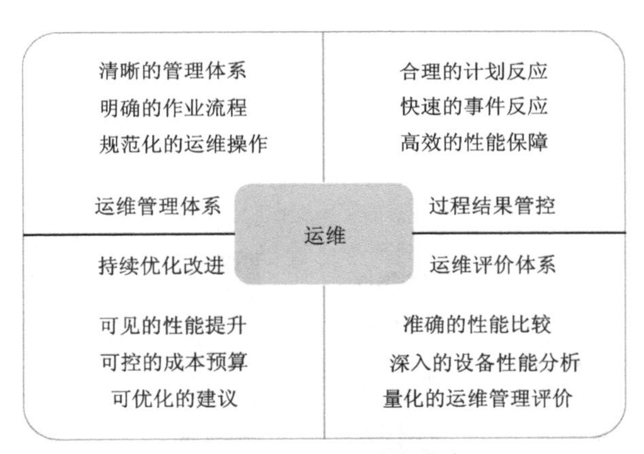

图 1-34　科学合理的运维体系

同时，我国对运维人才的需求也在逐年提升，根据调研显示，2014—2016 年我国光伏发电领域运维人才需求量分别为 2.2 万人、2.3 万人、2.7 万人。其主要原因在于：运维人才主要是在光伏发电领域进行技术操作及技术支持，一般要求有工作经验，目前从事运维的人员多数由工作经验丰富的光伏发电施工人员转岗而来。随着光伏电站装机容量的持续上升以及光伏电站的运行时间越来越长，对运维的要求越来越高，急需一批有光伏运维思路的“新鲜血液”来弥补目前光伏运维水平的不足。

随着全球新能源产业的发展和我国新能源政策的加码，预测未来几年内我国光伏产业仍将保持快速发展趋势，尤其是分布式光伏电站的推广，将成为助推光伏产业发展的重要动力。

光伏运维人才需求与光伏电站的组成形式和运维水平有很大的关系,例如分布式光伏电站对运维人员的需求比集中式光伏电站对运维人员需求偏多。由于光伏电站建成时间的长短不同,对光伏电站的运维要求也有明显的差别。如何通过运维方法来提升光伏电站的发电效率,将成为光伏电站资产管理的重要环节。随着产业的发展,我国对于光伏电站各类人才的需求将会保持持续增长,如图 1-35 所示,预计到 2022 年我国光伏电站施工环节人才需求量约为 28.6 万人;如图 1-36 所示,预计到 2022 年我国光伏电站运维环节人才的需求量约为 22.6 万人。

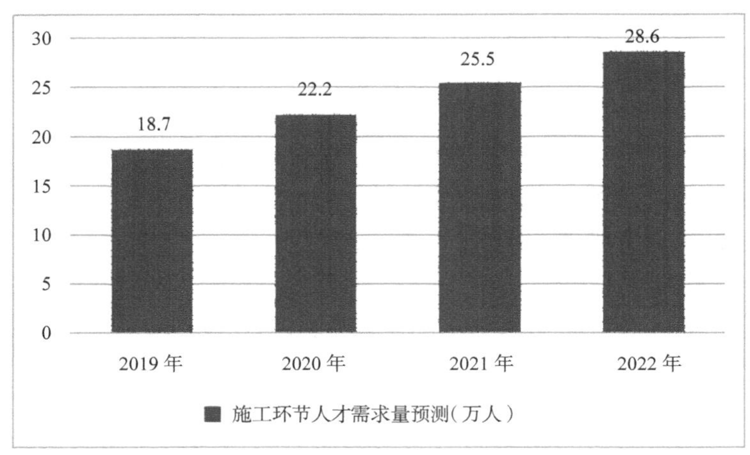

图 1-35 2019—2022 年我国光伏电站施工环节人才需求量预测

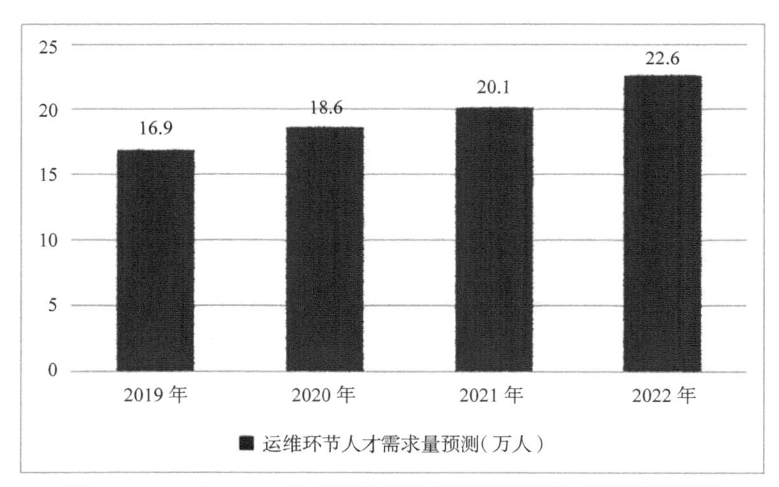

图 1-36 2019—2022 年我国光伏电站运维环节人才需求量预测

近年来,受"互联网 +"的进一步催化,光伏电站运维迈向智能化,出现了光伏清洗机器人、无人机等先进设备。光伏企业所采取的运维模式也更加多样化,涌现出了单纯提供监控系统、以逆变器等设备提供解决方案以及从电站建设之初开始介入并提供电站监控、运维的一体化服务等模式,运维企业更是涉及设备、软件、通信等多个领域。

【试一试】说说光伏产业对一个国家的重要性,从能源角度分析光伏产业存在的意义。

第2章　分布式光伏电站的接入

【知识目标】

(1)掌握户用光伏电站接入系统的典型设计方案。

(2)掌握并网计量箱的组成结构和特点以及对应的接线方式。

(3)熟悉户用光伏电站安全和提示标识的制作要求以及设置方法。

(4)熟悉光伏扶贫电站的典型接入方案以及主要设备。

(5)掌握低压公共电网分户接入方案,熟悉反孤岛装置的原理及作用。

(6)掌握专变光伏并网接入箱和专线光伏并网接入箱的组成结构和特点以及对应的接线方式。

(7)了解柱上变压器在光伏发电系统中的主要作用。

(8)熟悉光伏扶贫电站配电台区的安全和提示标识的制作要求以及设置方法。

【能力目标】

(1)能够识读并绘制户用并网电气图。

(2)能够根据并网计量箱的电气图,进行并网计量箱的安装、接线、设备更换和维修等工作。

(3)能够进行户用光伏电站安全和提示标识的制作以及粘贴。

(4)能够识读低压公共电网接入电气图,并根据电气图进行设备的安装、接线、更换和维修。

(5)能够识读专变光伏并网接入电气图,并进行专变光伏并网接入箱的安装、接线、设备更换和维修。

分布式光伏发电是我国能源结构改革的重要组成部分。本章主要对户用光伏电站和光伏扶贫电站的接入系统以及关键接网设备进行详细讲解,重点介绍户用并网计量箱、分户光伏并网接入箱、专线光伏并网接入箱、专变光伏并网接入箱、柱上变压器等内容。

2.1　户用光伏电站的接入

户用并网光伏电站是指以220 V或380 V低电压等级接入用户侧电网或公共电网,根据《分布式光伏发电接入系统典型设计》《户用分布式光伏发电并网接口技术规范》(GB/T 33342—2016)等规范或标准的要求, 220 V电压等级光伏电站的单点接入容量不超过8 kW,380 V电压等级光伏电站的单点接入容量不超过30 kW的光伏系统。

一个典型的户用并网光伏电站的设备构成如图2-1所示。从图中可以看出,户用光伏电站整体结构比较简单,主要包括光伏阵列、光伏逆变器、并网计量箱和用电计量箱等。

图 2-1 户用光伏电站结构图

户用光伏电站以若干光伏组件串联成若干子光伏串，若干子光伏串接入光伏逆变器，经整流逆变后输出低压单相 / 三相交流电，通过并网配电箱与用户侧电网或公共电网相连。并网计量箱主要用于光伏发电电能的计量，用电计量箱用于用户和电网间电能的计量。

2.1.1 户用光伏电站的接入方案

户用光伏电站的典型接入方案主要有两种：全额上网和自发自用、余电上网。在不同的接入方案中，并网计量箱的内部结构和特点、上网方式的内部接线方式、外部安全和警示标志的制作及设置上也会有一些区别。

1. 接入系统设计方案

如表 2-1 所示，户用光伏电站接入设计的两种方案的主要区别在于接入点的位置不同，从而计量方式也不同。

表 2-1 户用光伏电站接入系统典型设计方案分类表

方案编号	接入电压	接入模式	接入点	单个并网点参考容量
1#	220 V/380 V	全额上网	公共电网配电箱或线路	8~30 kWp（三相），≤ 8 kWp（单相）
2#	220 V/380 V	自发自用、余电上网	用户配电箱或线路	8~30 kWp（三相），≤ 8 kWp（单相）

1)“全额上网”接入系统方案概述

顾名思义,“全额上网”接入系统方案是指该光伏电站的发电全部卖给电网。这种情况下,所接入的公共电网以当地光伏发电标杆上网电价收购电站所发的全部电量。该方案中,并网点和产权分界点重合,并网点为并网计量箱(柜),即为用电计量箱(柜);发电容量小于或等于 30 kWp 且大于 8 kWp,应选用三相光伏并网逆变器,采用三相接入;发电容量在 8 kWp 及以下,可采用单相接入。户用“全额上网”光伏电站一次系统接线示意图如图 2-2 所示。

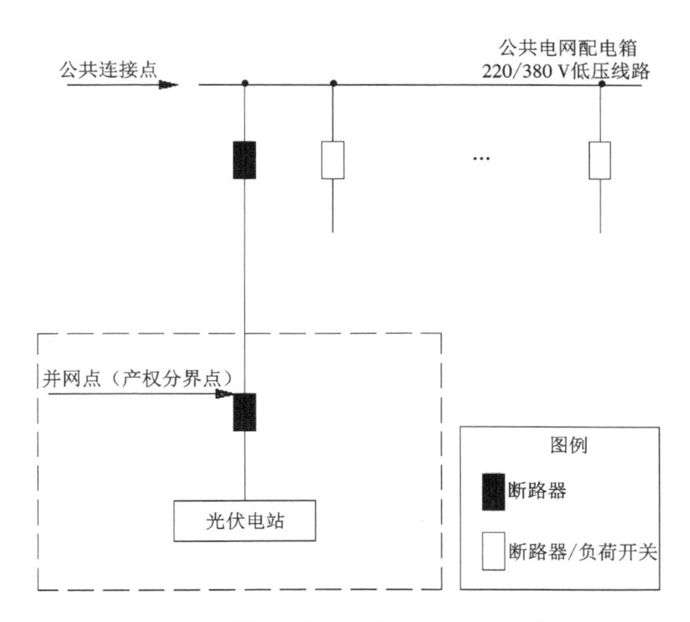

图 2-2　户用“全额上网”光伏电站一次系统接线示意图

2)“自发自用、余电上网”接入系统方案概述

“自发自用、余电上网”接入系统方案是指光伏电站所发的电自己用一部分,用不完的卖给电网,同时每发一度电都能获得补贴。该方案中,并网点和产权分界点分开,并网点为并网计量箱(柜),产权分界点为用户计量箱(柜);发电容量小于或等于 30 kWp 且大于 8 kWp,应采用三相接入;发电容量在 8 kWp 及以下,可采用单相接入。户用“自发自用、余电上网”光伏电站一次系统接线示意图如图 2-3 所示。

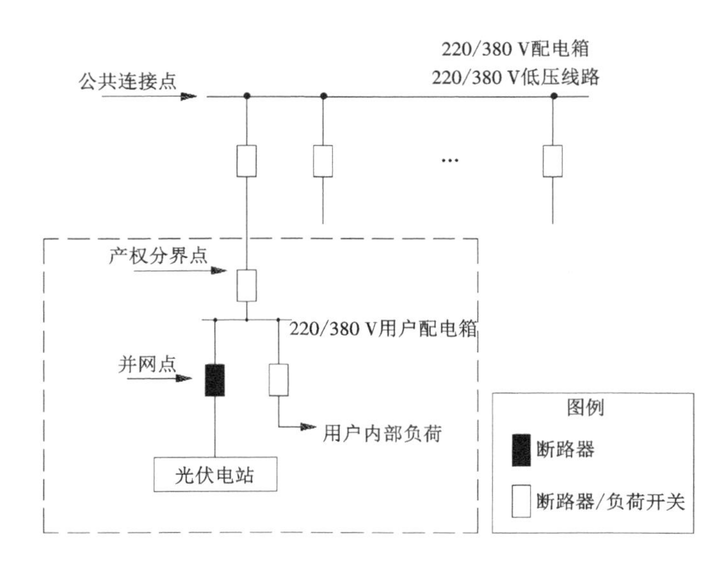

图 2-3 户用"自发自用、余电上网"光伏电站一次系统接线示意图

3)接入系统并网技术要求

在设计或实施户用光伏电站的接入系统时,无论采用哪种接入方案,其技术要求均应符合以下几个方面的并网技术要求。

Ⅰ. 无功调节

户用光伏电站功率因数需要在 0.95(超前)~0.95(滞后)范围内可调,选用的逆变器需具备功率因数在 0.95(超前)~0.95(滞后)范围内可调的功能。

Ⅱ. 电能质量

户用光伏电站系统发出电能的质量,在电压偏差、电压波动和谐波、电压不平衡度、直流分量方面,需要符合《光伏发电系统接入配电网技术规定》(GB/T 29319—2012)的相关规定。

Ⅲ. 通信

户用光伏电站需上传电流、电压和发电量信息,通过无线公网方式传输,电能表配置用电信息采集终端,可接入现有集抄系统实现电量信息远传。

Ⅳ. 电能量计量

与公共电网连接的光伏电站,应设立上、下网电量和发电量计量点。全额上网时,用户电量计量点和发电量计量点合并,计量点设置在电网和用户的产权分界点,配置双方向电能表,分别计量用户与电网间的上、下网电量和光伏发电量(上网电量即为发电量)。自发自用、余电上网时,用户电量计量点设置在电网和用户的产权分界点,配置双方向电能表,分别计量用户与电网间的上、下网电量;发电计量点设置在并网点,配置单方向电能表,计量光伏发电量。

接入系统的并网技术要求,一般通过逆变器的选型来实现。在设计选型时,应选择符合并网技术要求的逆变器。

4）接入系统并网接口设备要求

无论“全额上网”接入模式，还是“自发自用、余电上网”接入模式，其均应符合以下几个方面的并网设备要求。

Ⅰ. 光伏专用断路器

户用光伏电站并网点应安装易操作、具有明显开断指示、具备开断故障电流能力的断路器，同时断路器需具备短路速断、分励脱扣、失压跳闸等功能。

Ⅱ. 过欠压保护与自动重合闸要求

户用光伏电站并网计量箱内需安装过欠压保护设备，具备失压跳闸、欠压跳闸、过压跳闸及检有压合闸的功能，失压跳闸定值宜整定为 20%U_n（U_n 为电网额定电压），欠压跳闸定值宜整定为 20%U_n~70%U_n，过压跳闸定值宜整定为 135%U_n，跳闸宜在 1 s 内动作，检有压合闸定值宜整定为大于 85%U_n，且检有压合闸宜在 10~60 s 内动作。

Ⅲ. 防雷与浪涌要求

户用光伏电站并网计量箱内应安装浪涌保护器，以保护负载设备不被浪涌过电压损坏。

Ⅳ. 明显断开点要求

户用光伏电站在并网总线上需安装易于操作、可机械闭锁且具有明显断开点的刀闸开关设备，以确保电力设施检修人员的人身安全。

2. 户用光伏并网计量箱内部设备的选型和配置

如图 2-4 和图 2-5 所示，采用“全额上网”和“自发自用、余电上网”接入方式的并网计量箱内部组成基本相同，包括隔离刀闸、电能表、剩余电流保护器、浪涌保护器、并网专用开关、空开（空气断路器）。两种接入方式并网计量箱中唯一的区别在于“全额上网”采用双方向电能表，“自发自用、余电上网”采用单方向电能表。

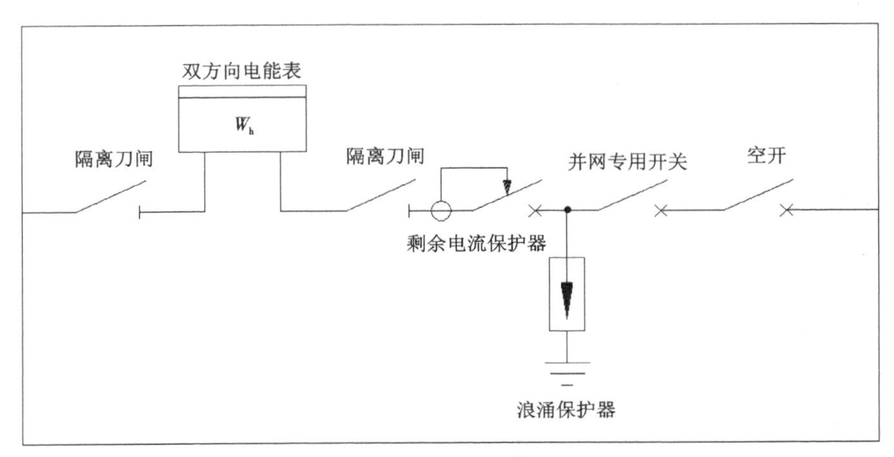

图 2-4　“全额上网”并网计量箱一次原理图

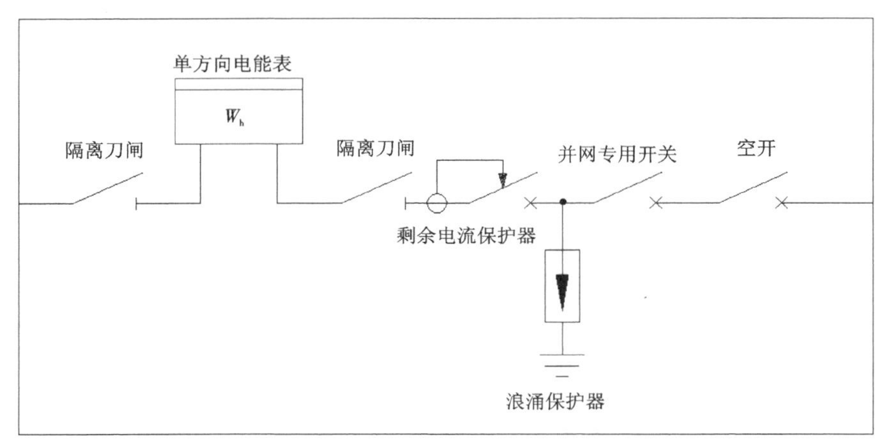

图 2-5 “自发自用、余电上网”并网计量箱一次原理图

并网计量箱内部设备介绍如下。

1)隔离刀闸

隔离刀闸的主要特点是无灭弧能力,只能在没有负荷电流的情况下分、合电路。其主要作用是分闸后可以建立可靠的绝缘间隙,将需要检修的设备或线路与电源用一个明显断开点隔开,以保障检修人员和设备的安全运行。光伏电站的接入系统方案中,对于“断开设备”有明确的技术要求,即“应设置明显开断点”,所以需要选用隔离刀闸。

2)电能表

目前,电能表一般为智能电表,它是智能电网的智能终端,除了具备传统电能表测量基本用电量的计量功能以外,为了适应智能电网和新能源的使用,它还具有双向多种费率计量功能、用户端控制功能、多种数据传输模式的双向数据通信功能、防窃电功能等智能化的功能。智能电表代表着未来节能型智能电网最终用户智能化终端的发展方向。

光伏电站的接入系统方案中对于“计量”有明确的技术要求,即电能表按计量用途分为两类:关口计量电能表(双向),装于关口计量点,用于用户与电网间的上、下网电量分别计量;并网电能表(单向),装于分布式电源并网点,用于发电量统计,为电价补充提供数据。当接入模式为自发自用、余电上网时,在并网点单套设置并网电能表,还应设置关口计量电能表;当接入模式为全额上网时,可由关口计量电能表同时实现电价补充计量和关口电费计量功能。

3)并网专用开关

并网专用开关是指安装在并网点的断路器,是具备易操作、明显开断指示、开断故障电流能力的断路器,及具备失压跳闸、过压跳闸及检有压合闸功能的断路器。

4)剩余电流保护器

剩余电流保护器也叫漏电流保护器,是在规定条件下,当剩余电流达到或超过给定值时,能自动断开电路的机械开关电器或组合电器。

5)浪涌保护器

浪涌保护器也叫防雷器,是一种为各种电子设备、仪器仪表、通信线路提供安全防护的电子装置。当电气回路或者通信线路中因为外界的干扰突然产生尖峰电流或者电压时，浪涌保护器能在极短的时间内导通分流，从而避免浪涌对回路中其他设备的损害。

6）空开

空开是空气开关的简称，也叫空气断路器，是常用的断路器中的一种，除了能完成接通和分断电路外，还能对电路或电气设备发生的短路、严重过载及欠电压等进行保护。

【试一试】使用 CAD 等软件，画出两种光伏并网接入方案的原理图和并网计量箱的原理图，并思考这些图的应用场合。

2.1.2　户用并网计量箱的组成结构和特点

户用并网计量箱，作为户用光伏电站的总出口连接光伏电站和电网的配电装置，其结构主要由并网专用开关、浪涌保护器、隔离刀闸、电能表、采集器、箱体组成。

1. 户用并网计量箱组成结构

如图 2-6 和图 2-7 所示为典型户用并网计量箱组成结构，箱体外部设有上、下观察窗和计量铅封位置及门锁，箱体内部分上、下两室，上室为计量室，放置电能表、采集器和隔离刀闸；下室设置隔离刀闸、漏电保护器、浪涌保护器、并网专用开关、空开等设备。箱体上部和下部分别设有进线孔位。

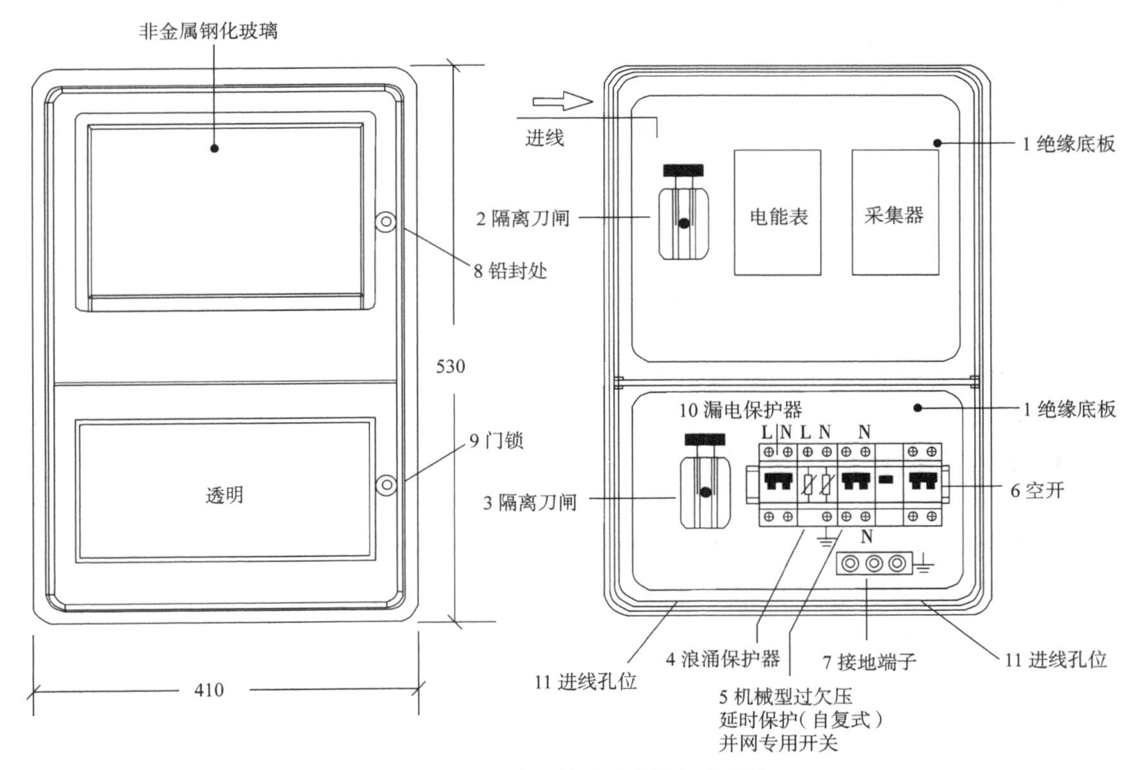

图 2-6　单相户用并网计量箱组成结构

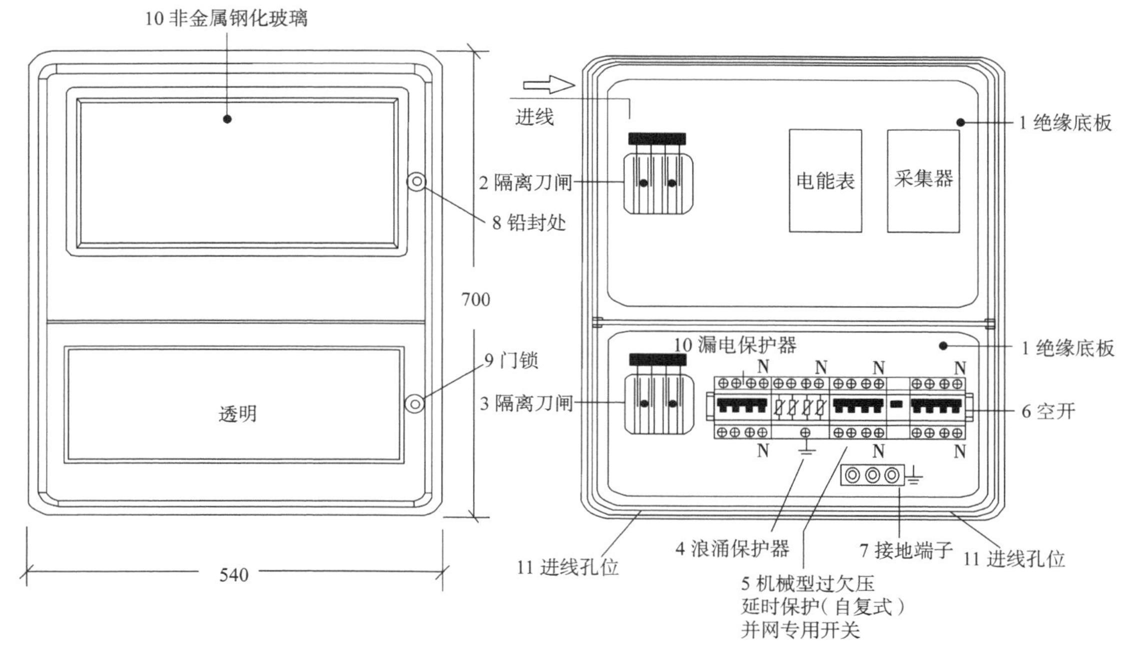

图 2-7　三相户用并网计量箱组成结构

【试一试】使用 CAD 等软件，画出两种光伏并网接入方式的并网计量箱的组成结构图，并思考结构图的应用场合。

2. 户用并网计量箱的特点

(1)采用壁挂式结构、体积小巧、安装方便。

(2)具有明显的断开指示及断开故障电流的能力，具备失压跳闸、欠压闭锁及检有压合闸功能。

(3)具备线路保护功能。

(4)具备并网电能量计量功能。

(5)具备电能质量监测功能。

(6)具备系统通信功能和数据采集功能。

2.1.3　户用并网计量箱的接线方式

户用并网光伏电站的接入方案可分为全额上网和自发自用、余电上网。这两种接入方案的接线图有明显的区别，下面以 220 V 接入为例，介绍相关接线图。

户用并网计量箱作为电能计量装置的一种，接线方式及安装规定符合电力行业标准的相关规定，采用黄(U)、绿(V)、红(W)色线，零线采用黑色或蓝色，保护接地线采用黄绿双色线；外壳接地，宜采用 25 mm² 多股铜芯黄绿双色导线。

1. 全额上网

如图 2-8 所示，全额上网的接入方案中，并网点和接入点为同一点，并网计量箱即为用电计量箱，产权分界点在并网计量箱内，并网计量箱内的双向电能表由电网提供。

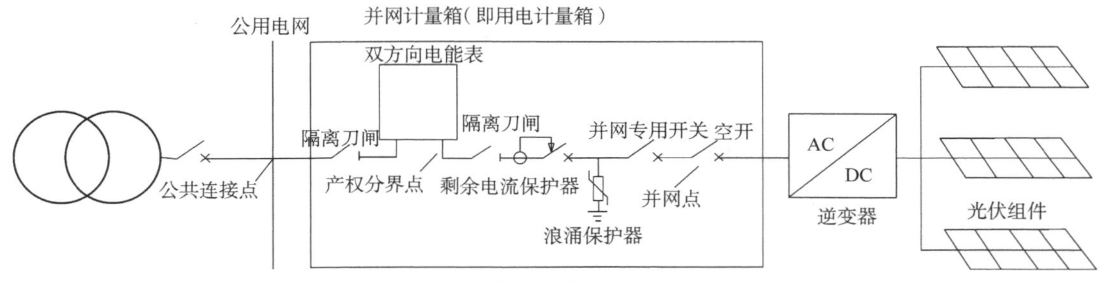

图 2-8　户用光伏电站全额上网系统接线图

全额上网并网计量箱的接线方式如图 2-9 所示。

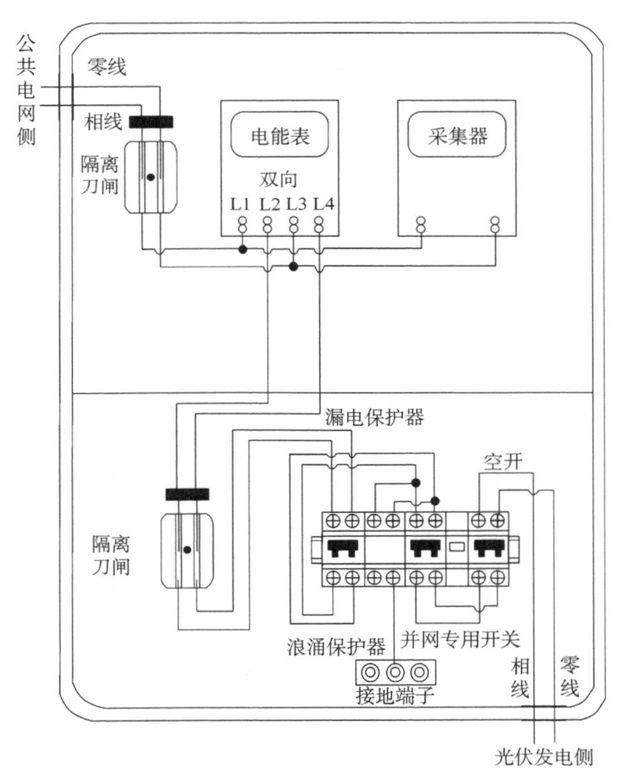

图 2-9　全额上网并网计量单相箱接线图

【试一试】使用 CAD 等软件，画出全额上网并网计量箱三相接入时的接线图。

2. 自发自用、余电上网

如图 2-10 所示，自发自用、余电上网的接入方案中，并网点和接入点为不同点，并网计量箱和用电计量箱单独设立，产权分界点在用电计量箱内。

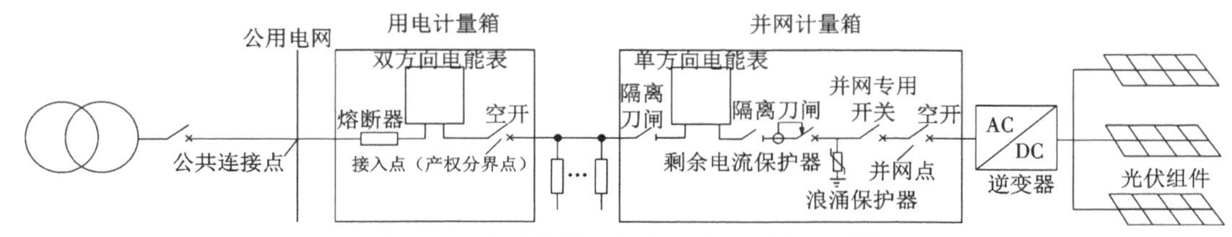

图 2-10 户用光伏电站余电上网系统接线图

自发自用、余电上网并网计量箱的接线方式和全额上网并网计量箱的基本一致，如图 2-11 所示。两者唯一的区别是电能表不同，自发自用、余电上网的电能表仅需要计量发电量，该处使用单向电能表即可。在安装接线时，需要注意单向电能表的输入和输出，避免接反。

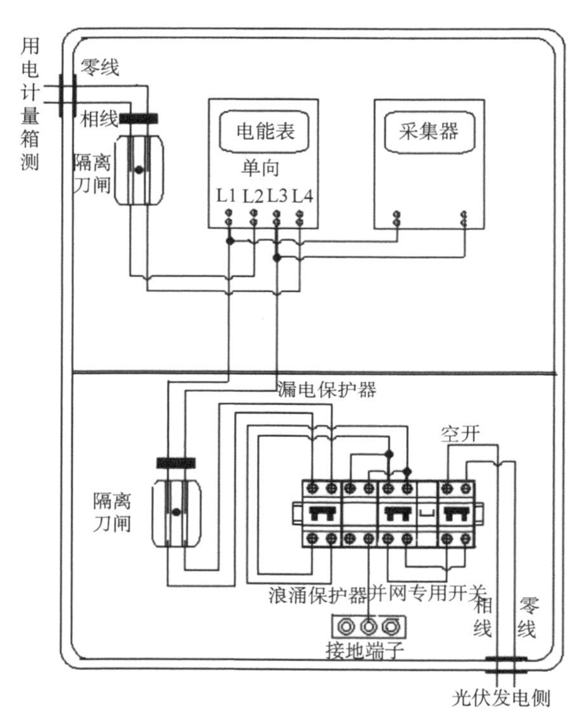

图 2-11 自发自用、余电上网并网计量箱单相接线图

【试一试】使用 CAD 等软件，画出自发自用、余电上网并网计量箱三相接入时的接线图。

2.1.4 户用光伏电站安全和提示标识制作以及设置要求

为了规范电站的管理，保障工作人员的人身安全，需要在户用光伏电站的公共连接点、并网计量箱和用电计量箱等位置设置电源接入安全和提示标识，其材料一般为铝箔覆膜标签纸，黄底黑字标识。

1. 安装信息标识

1）制作要求

安装信息标识的规格为 60 mm × 160 mm，内容如图 2-12 所示。

光伏系统功率：××kWp
安装服务单位名称：×××××××
售后服务电话：××××××××××

图 2-12　安装信息标识示例

2）设置要求

应将安装信息标识张贴在箱体正面下沿明显位置，不应遮挡观察视窗，粘贴应可靠牢固，如图 2-13 所示。

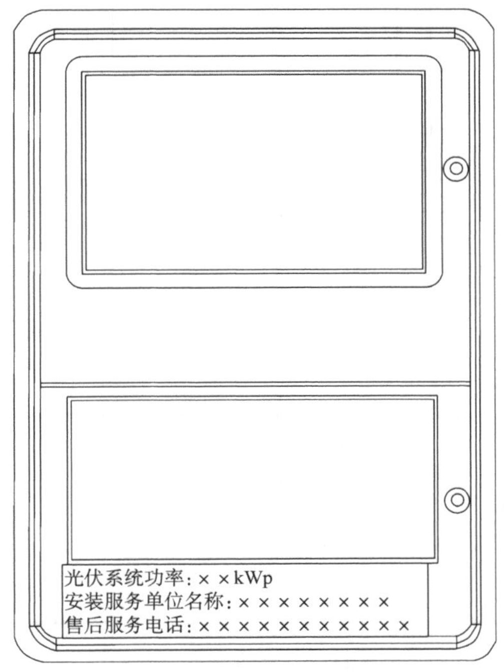

图 2-13　安装信息标识张贴示例

2. 并网计量箱提示标识

1）制作要求

并网计量箱提示标识的规格为 60 mm × 160 mm，内容如图 2-14 所示。

光伏发电 （全额上网）	光伏发电 （自发自用、余电上网）

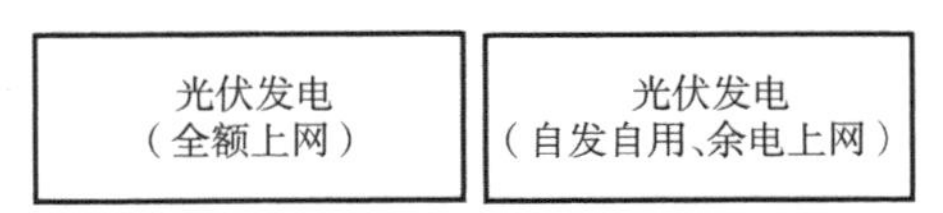

图 2-14　并网计量箱提示标识示例

2）设置要求

并网计量箱提示标识应按上网类型，张贴在箱体上门正面中间明显位置，不应遮挡观察视窗，粘贴应可靠牢固，如图 2-15 所示。

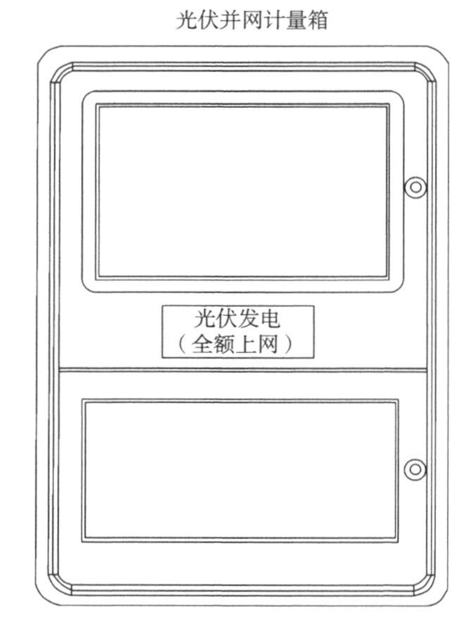

图 2-15　并网计量箱提示标识张贴示例

3. 并网日期标识

1）制作要求

并网日期标识的规格为 60 mm × 160 mm，内容如图 2-16 所示。

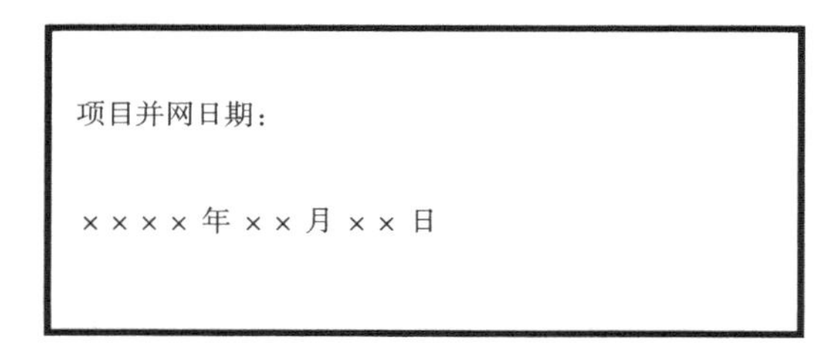

图 2-16　并网日期标识示例

2）设置要求

并网日期标识应张贴在箱体上门反面中间明显位置，不应遮挡观察视窗，粘贴应可靠牢固，如图 2-17 所示。

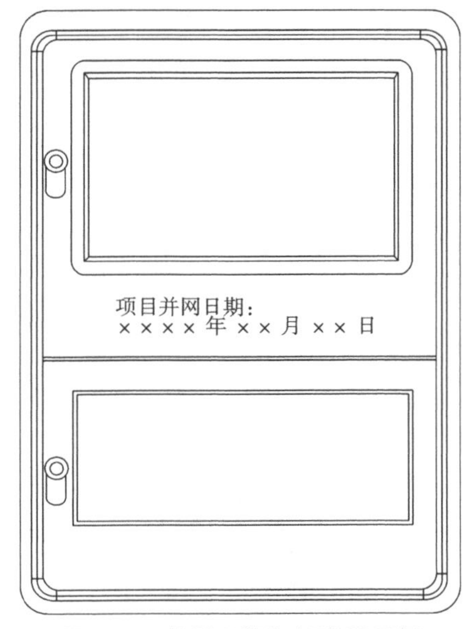

图 2-17　并网日期标识张贴示例

4. 并网计量箱安全标识

1)制作要求

并网计量箱安全标识的规格为 150 mm×110 mm,内容如图 2-18 所示。

图 2-18　并网计量箱标识示例

2)设置要求

并网计量箱安全标识应张贴在箱体下门正面中间明显位置,粘贴应可靠牢固,如图 2-19 所示。

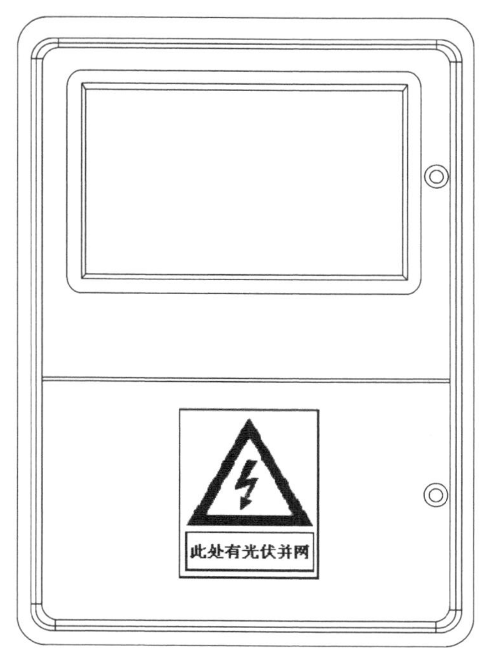

图 2-19 并网计量箱安全标识张贴示例

【试一试】根据要求制作标识，并指明标识张贴处。

5. 并网计量箱电源类型标识

1）制作要求

并网计量箱电源类型标识的规格为 150 mm × 110 mm，内容如图 2-20 所示。

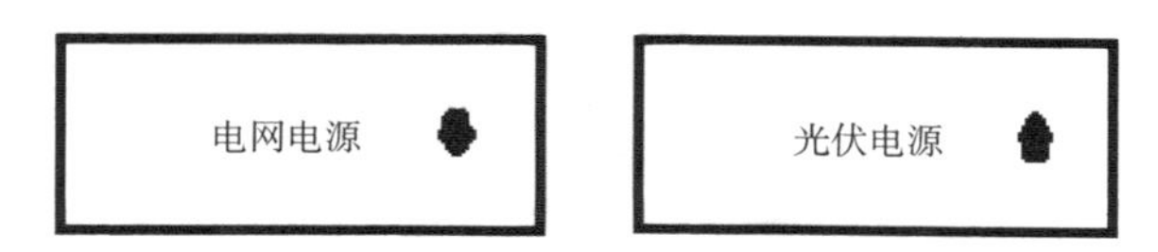

图 2-20 并网计量箱电源类型标识示例

2）设置要求

并网计量箱电源类型标识应张贴在箱体内底板上，粘贴应可靠牢固，如图 2-21 所示。

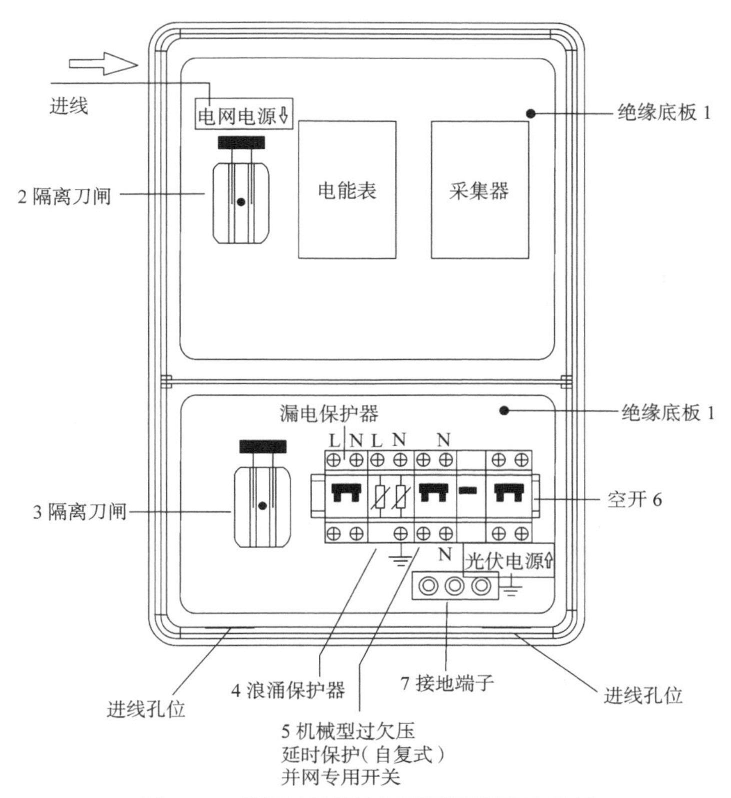

图 2-21 并网计量箱电源类型标识张贴示例

2.2 光伏扶贫电站的接入

分布式光伏扶贫电站一般也叫村级扶贫电站，在我国的中东部省份的农村比较常见。光伏扶贫电站是国家政策性电站，是以扶贫为目的，在具备光伏扶贫实施条件的地区，利用政府性资金投资建设的光伏电站，其产权归村集体所有，全部收益用于扶贫。村级扶贫电站规模根据帮扶的贫困户数量按户均 5 kW 左右配置，最大不超过 7 kW，单个电站规模原则上不超过 300 kW，具备就近接入和消纳条件的可放宽至 500 kW。村级联建电站外送线路电压等级不超过 10 kV，建设规模不超过 6 000 kW。

2.2.1 光伏扶贫电站接入方案

光伏扶贫电站的接入方案可分为集中接入和分散接入。其中，集中接入形式分为专用柱上变压器集中接入和公用柱上变压器低压专线接入两个方案，分散接入形式为低压公共电网分户接入方案，三种接入方案如表 2-2 所示。光伏扶贫电站的接入方案主要是根据电站容量选择合适的接入电压等级和接入模式。不同的接入方案中，光伏并网接入箱的内部结构和特点、上网方式的内部接线方式、安装方式、外部安全和警示标志的制作和设置有一些区别。

表 2-2 分布式光伏扶贫项目接入系统方案分类

方案编号	接入电压	方案名称	接入方式	单个并网点参考容量
1#	220 V/380 V	低压公共电网分户接入方案	全额上网 / 分散接入	8~20 kWp（三相）≤ 8 kWp（单相）
2#	380 V	公用柱上变压器低压专线接入方案	全额上网 / 公用变压器集中接入	20~200 kWp
3#	10 kV	专用柱上变压器集中接入方案	全额上网 / 专用变压器集中接入	80~400 kWp

关于光伏扶贫电站的接入系统并网技术要求和接入系统并网接口设备要求，可查阅相关标准。在进行接入设计时，需按照相关标准执行。

2.2.2 光伏扶贫电站主要设备的说明

1. 变压器

采用专用柱上变压器集中接入的光伏扶贫电站，需配置变压器，其选型和配置如下。

（1）选用高效节能型变压器，宜采用全密封、低损耗油浸式变压器。当不能满足电压质量要求时，可采用有载调压变压器。

（2）变压器容量一般为 100、200 或 400 kV · A，光伏装机容量不宜超过变压器容量的最大容量，变压器容量一般为光伏装机容量的 1.1~1.2 倍。

（3）接线组别：Dyn11。

（4）额定电压：10（10.5）kV ± 5（2 × 2.5）% kV/0.4 kV。

（5）短路阻抗：4%。

（6）冷却方式：自冷式。

2. 光伏并网接入箱

光伏扶贫电站的接入设计方案有三种，对应的光伏并网接入箱分别为分户光伏并网接入箱、专线光伏并网接入箱、专变光伏并网接入箱，其均集成了光伏并网所需的电气一次、二次和通信等设备，包括隔离刀闸（熔断器式隔离刀闸）、电流互感器、智能电表、剩余电流保护器、浪涌保护器、并网专用开关、断路器等。

3. 低压反孤岛装置

孤岛效应是指当电网因事故或停电检修而失电时，停电线路由所连的并网发电装置继续供电，并连同周围负载构成一个自给供电的孤岛的现象。如图 2-22 所示，孤岛效应会给电力检修或相关电力操作人员带来安全隐患。由于户用型光伏扶贫电站基本都属于用户侧并网，当光伏电站的输出功率与负载相匹配时，就可能发生孤岛效应，且接入 220 V/380 V 配电网的户用型光伏扶贫电站发生孤岛效应的可能性较大。

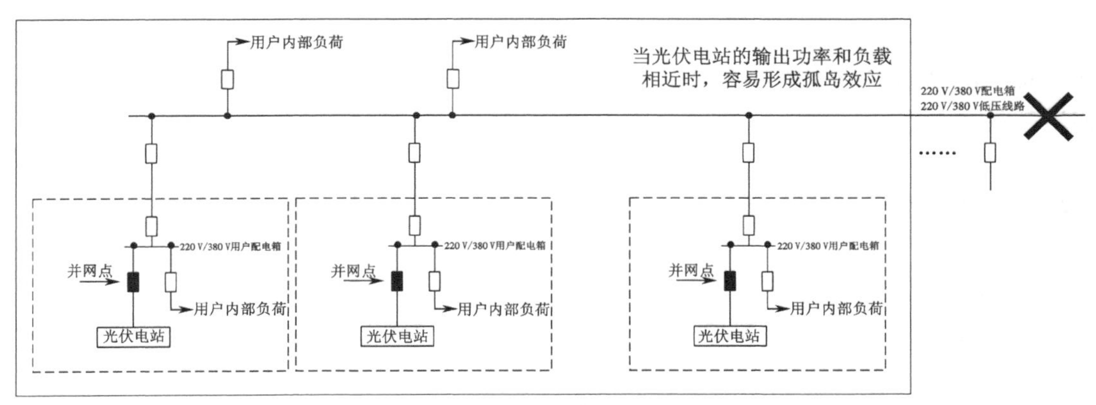

图 2-22　孤岛效应

对于户用型光伏扶贫电站来说，一般安装得都较为分散，且容量不大（3~8 kWp）。当检修线路时，要确保该线路上的所有逆变器都停止工作，这样才能更好地保证检修人员的安全。但是由于线路上带有的逆变器数量不定，安装地点不定，要在检修之前一一确定逆变器是否处于停止状态，似乎又不太可能。如果在每户的并网配电箱内再装设防孤岛保护装置，无形之中又增加了建设成本和运维成本。所以，低压公共电网分户接入方案中要求装设低压反孤岛装置，其作用就是当发生孤岛效应时，使区域内的光伏逆变器处于停止运行状态。

低压反孤岛装置是专门为电力检修或相关电力操作人员设计的一种用于破坏户用型光伏扶贫电站的非计划性孤岛运行的设备。一般在同一配电台区的并网光伏容量超过额定容量的 25% 时，则需在配变低压母线处装设反孤岛装置。

如图 2-23 所示，低压反孤岛装置是一个柜子，由反孤岛专用控制器、扰动电阻、行程开关、塑壳开关、继电器、电压表等组成，一般安装在光伏电站送出线路电网侧，如配电变压器低压侧母线、箱式变压器低压母线、380 V 配电分支箱等处，由当地电力部门提供并安装。

图 2-23　低压反孤岛装置

当电力人员检修与户用型光伏扶贫电站相关的线路或设备时，打开反孤岛装置中的操作开关，当反孤岛装置中的电压指针表上电压检测到 400 V 时，反孤岛装置的扰动电阻投入使逆变器停止运行。

2.2.3 低压公共电网分户接入方案

1. 低压公共电网分户接入方案概述

该方案主要适用于 220 V（380 V）电压等级接入、全部上网的分布式光伏扶贫电站项目，公共连接点为公共电网 380 V 线路，并网点为分户光伏并网接入箱；发电容量小于或等于 20 kWp 且大于 8 kWp，应采用三相接入；发电容量在 8 kWp 及以下，采用单相接入。配变低压侧加装一套反孤岛装置，居民原电能表前加装分户光伏并网接入箱，满足 1 回进线、1 回出线。其一次系统接线示意图如图 2-24 所示。

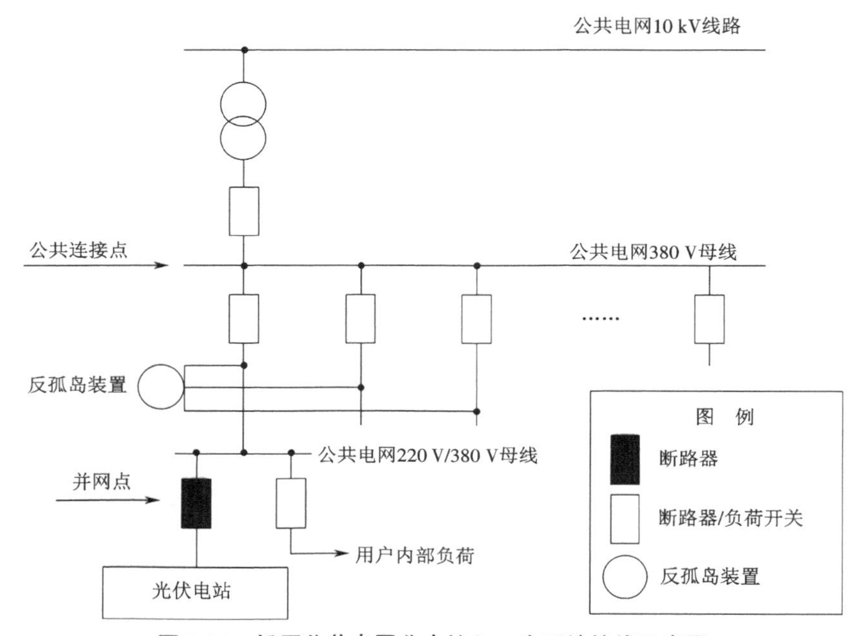

图 2-24 低压公共电网分户接入一次系统接线示意图

2. 分户光伏并网接入箱的安装方式

分户光伏并网接入箱采用壁挂式安装，内部接线与户用光伏电站全额上网并网计量箱基本一致，不再重复阐述。并网接入箱由扶贫电站建设方承担（计量电能表由地方电力部门提供）。

3. 分户光伏并网接入箱组成

分户光伏并网接入箱与户用并网计量箱基本一致，其内部集成了电气一次、二次设备，包括隔离刀闸（熔断器式隔离刀闸）、智能电表、剩余电流保护器、浪涌保护器、并网专用开关、空开（断路器）等。图 2-25 所示为分户光伏并网接入箱一次原理图。

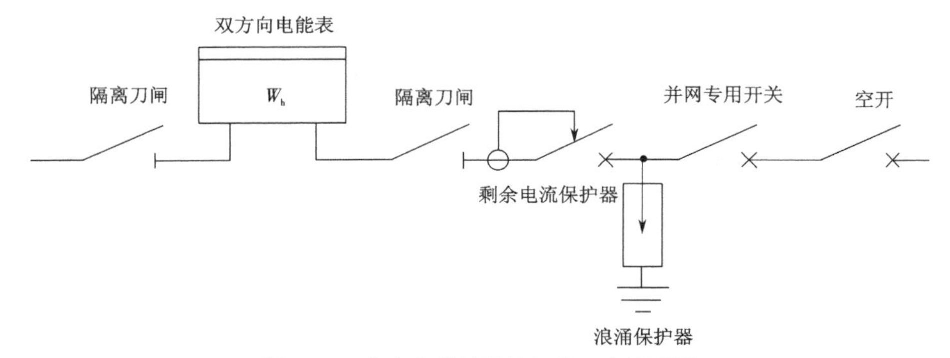

图 2-25　分户光伏并网接入箱一次原理图

分户光伏并网接入箱具体布置如图 2-26 和图 2-27 所示。

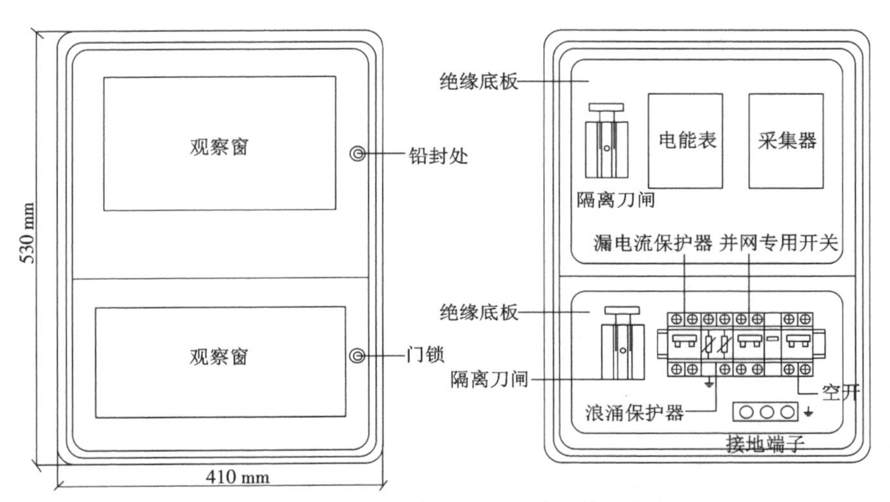

图 2-26　单相分户光伏并网接入箱结构

并网接入箱内具体的接线图,可参考户用并网计量箱全额上网方式的接线图。

4. 反孤岛装置的安装方式

相较于户用光伏电站,公共电网分户接入的光伏扶贫电站增加了反孤岛装置。反孤岛装置宜安装在电杆的左侧,箱体下沿距离地面不低于 2 m,有防汛要求时可适当加高,如图 2-28 所示。反孤岛装置作为公共电网检修安全防护装置,由电力部门根据需求安装。

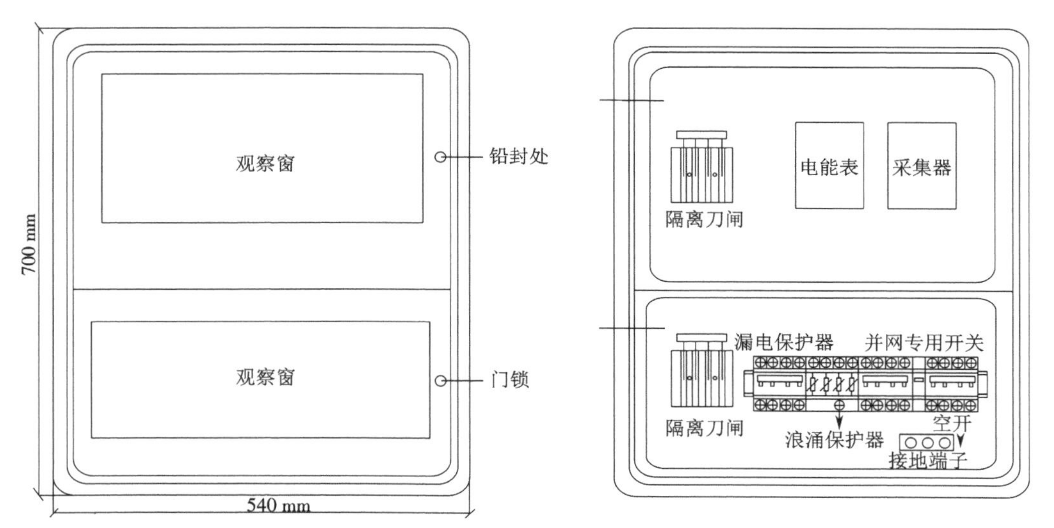

图 2-27 三相分户光伏并网接入箱结构

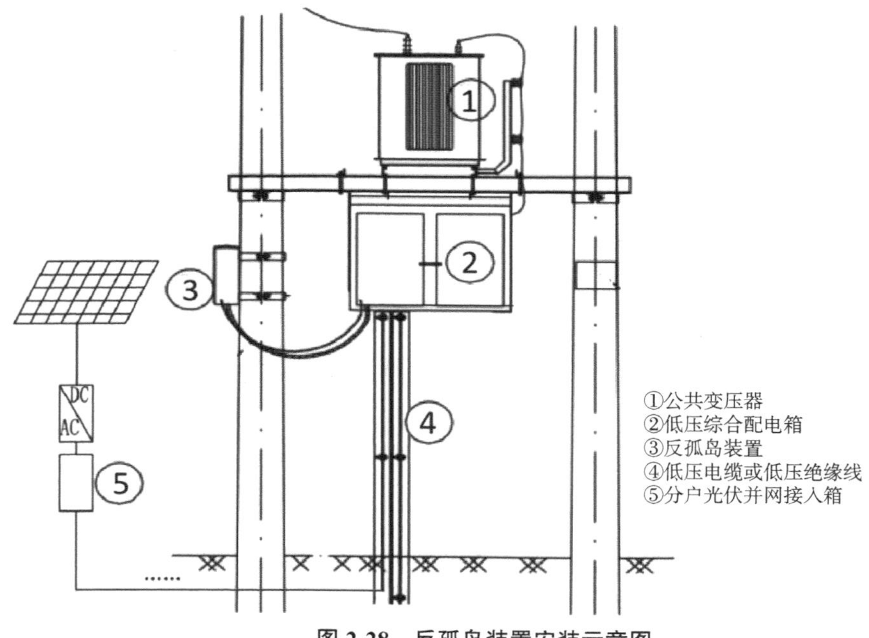

图 2-28 反孤岛装置安装示意图

5. 低压公共电网分户接入电气主接线

在低压综合配电箱出线开关处连接低压反孤岛装置。为了防止对反孤岛装置误操作而造成电网故障,低压出线开关与反孤岛装置间应具备操作互锁功能。当低压出线开关处于断开状态时,才可以启动反孤岛装置。图 2-29 所示为分户接入电气主接线图。

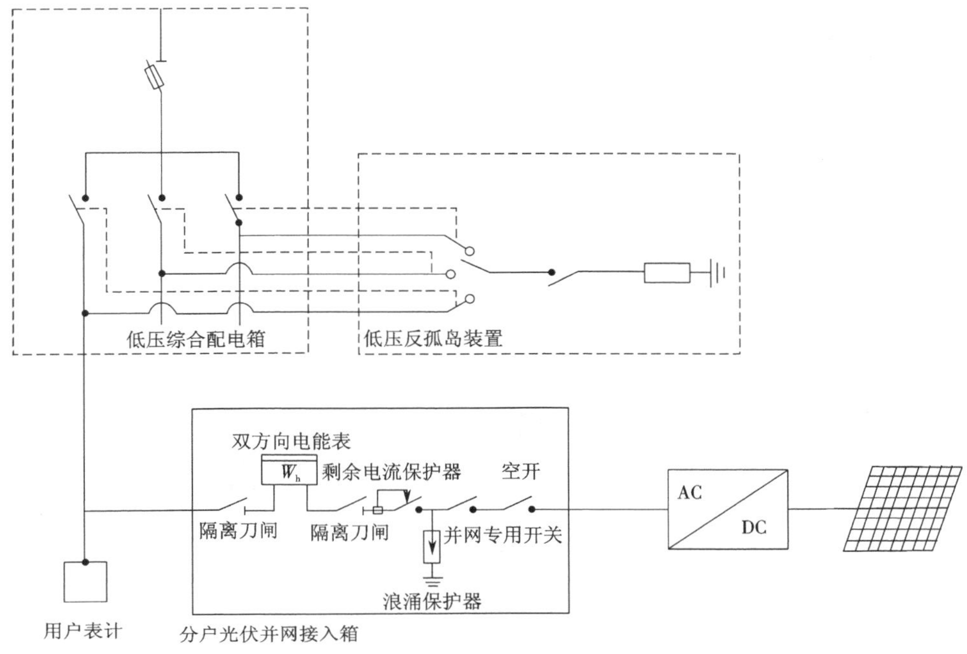

图 2-29　分户接入电气主接线图

2.2.4　公用柱上变压器低压专线接入方案

1. 公用柱上变压器低压专线接入方案概述

该方案主要适用于 380 V 电压等级集中接入、集中计量、全额上网的分布式光伏扶贫电站项目，公共连接点为公共电网柱上变压器 380 V 母线，装机容量为 20~200 kWp。原有低压综合配电箱内需有 1 回专线接入位置，在低压综合配电箱附近加装专线光伏并网接入箱，满足 1 回进线、1 回出线。其一次系统接线示意图如图 2-30 所示。

2. 专线光伏并网接入箱结构

专线光伏并网接入箱外形尺寸可选用 700 mm × 250 mm × 1 000 mm，其内部集成了电气一次、二次设备，包括隔离刀闸（隔离开关）、电流互感器（计量）、电能表、采集器、光伏专用断路器（带剩余电流动作保护）、浪涌保护器等。如图 2-31 所示为专线光伏并网接入箱一次原理图，具体箱内布置结构如图 2-32 所示。

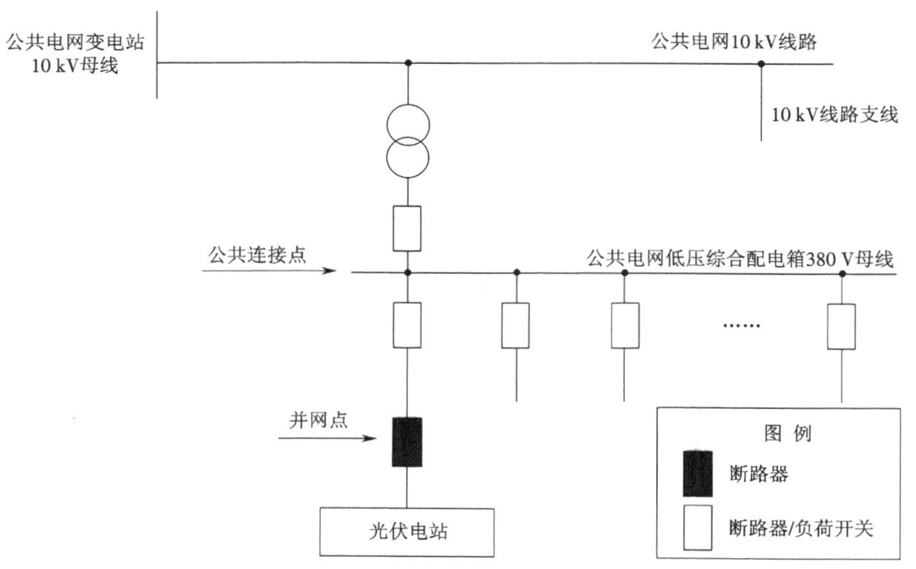

图 2-30　公用柱上变压器低压专线接入一次系统接线示意图

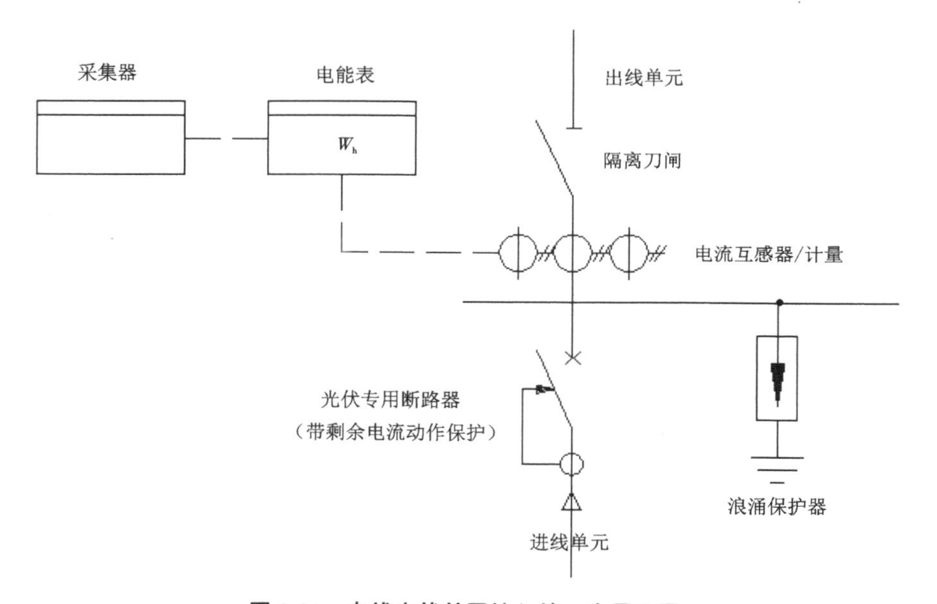

图 2-31　专线光伏并网接入箱一次原理图

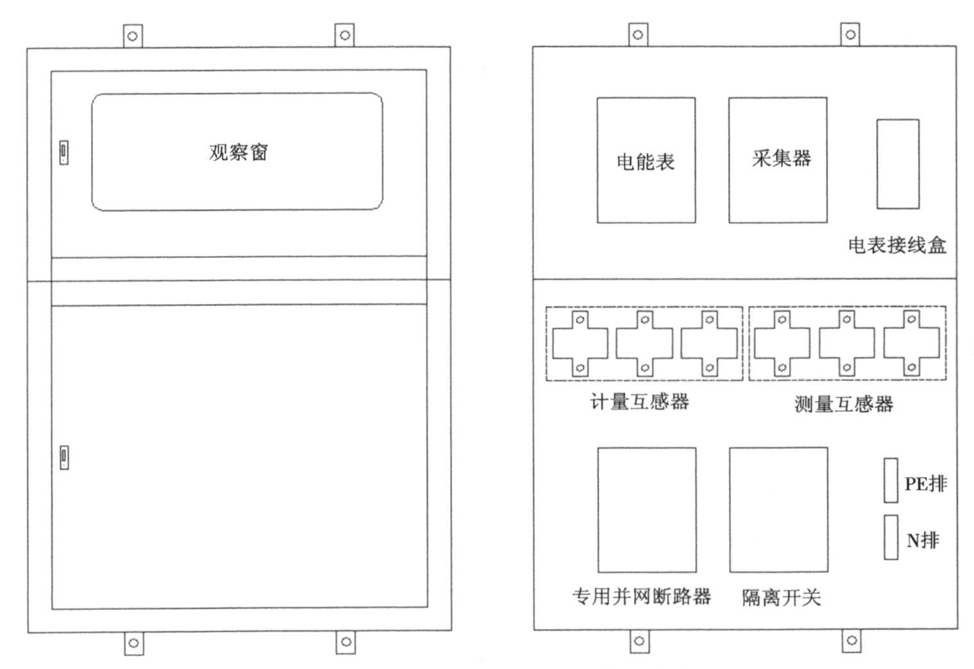

图 2-32　专线光伏并网接入箱结构图

3. 专线光伏并网接入箱安装方式

专线光伏并网接入箱安装于光伏逆变器的汇流点，本例中安装于公共电网柱上变压器低压出线处，采用悬挂式安装，安装于电杆上，箱体下沿距离地面不低于 2 m，有防汛要求时可适当加高，如图 2-33 所示。

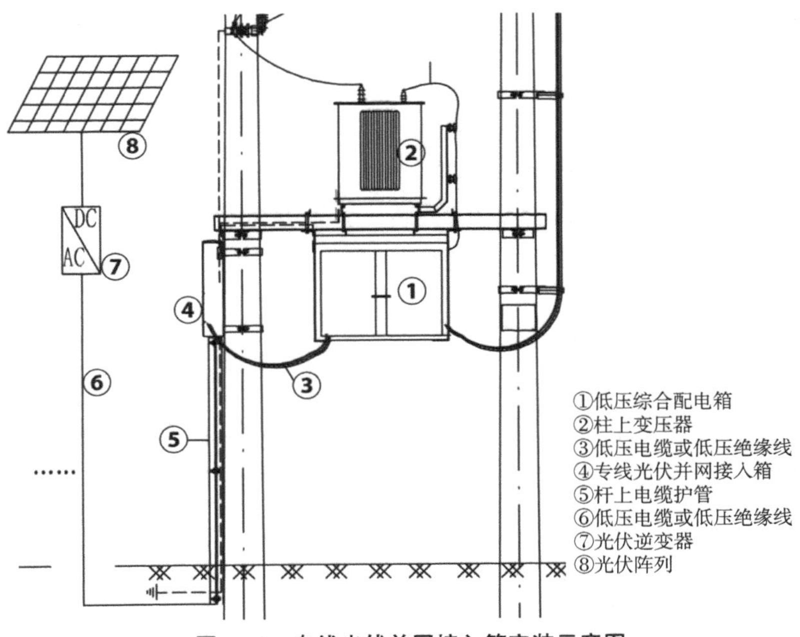

图 2-33　专线光伏并网接入箱安装示意图

4. 公用柱上变压器低压专线接入电气主接线

公用柱上变压器低压专线接入电气主接线图如图 2-34 所示。

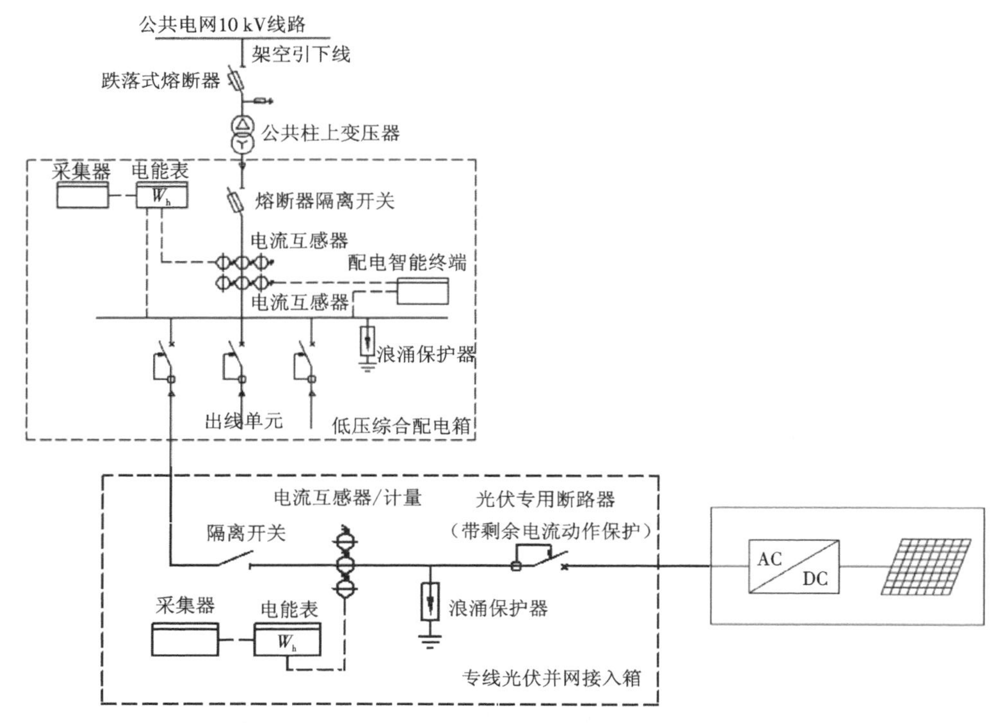

图 2-34 公用柱上变压器低压专线接入电气主接线图

2.2.5 专用柱上变压器集中接入方案

1. 专用柱上变压器集中接入方案概述

该方案主要适用于 10 kV 电压等级集中接入、集中计量、全额上网的分布式光伏扶贫电站项目，公共连接点为公共电网 10 kV 线路，装机容量为 80~400 kWp。设置专变光伏并网接入箱替代原低压综合配电箱，满足 2 回进线、1 回出线。其一次系统接线示意图如图 2-35 所示。

2. 专变光伏并网接入箱结构

专变光伏并网接入箱内部集成了电气一次、二次和通信设备，包括断路器、电流互感器（计量）、电流互感器（测量）、电能表、采集器、光伏专用断路器（带剩余电流保护功能）、浪涌保护器、配电智能终端等。图 2-36 所示为专变光伏并网接入箱一次原理图，具体结构如图 2-37 所示。

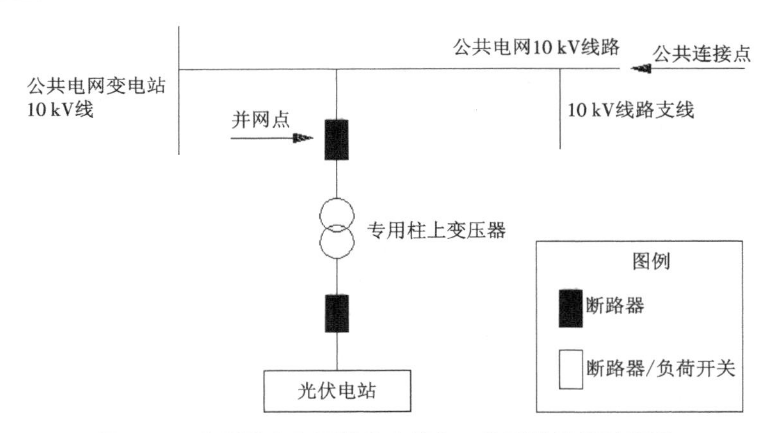

图 2-35　专用柱上变压器集中接入一次系统接线示意图

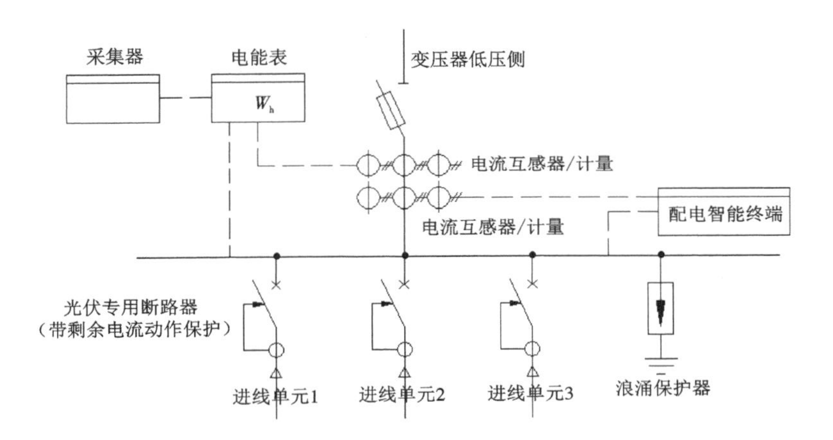

图 2-36　专变光伏并网接入箱一次原理图

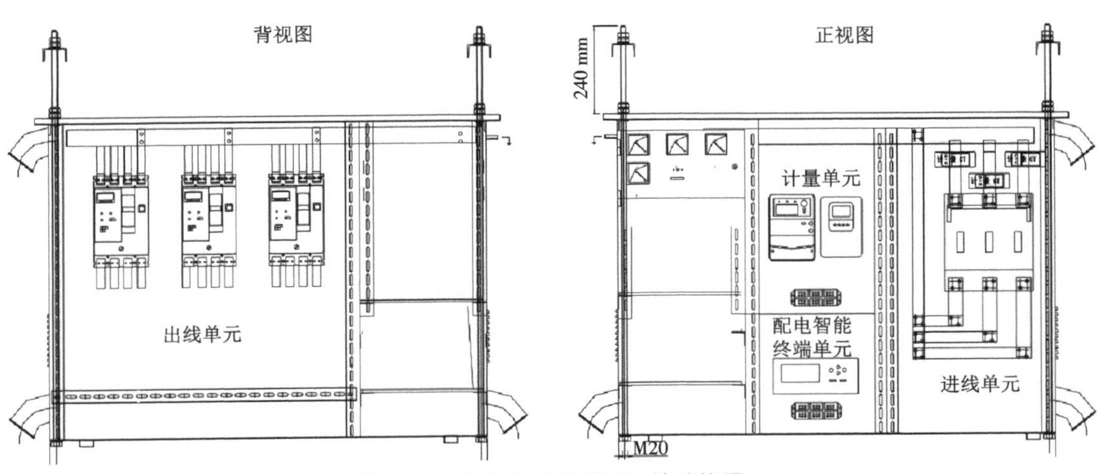

图 2-37　专变光伏并网接入箱结构图

3. 专变光伏并网接入箱安装方式

专变光伏并网接入箱采用悬挂式安装,箱体下沿距离地面不低于 2 m,有防汛要求时可适当加高,如图 2-38 所示。

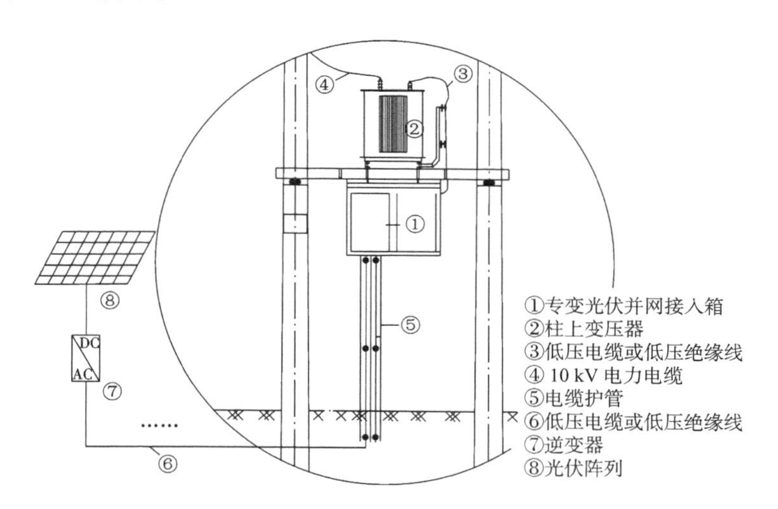

图 2-38 专变光伏并网接入箱安装示意图

4. 专用柱上变压器集中接入电气主接线

专用柱上变压器集中接入电气主接线图如图 2-39 所示。

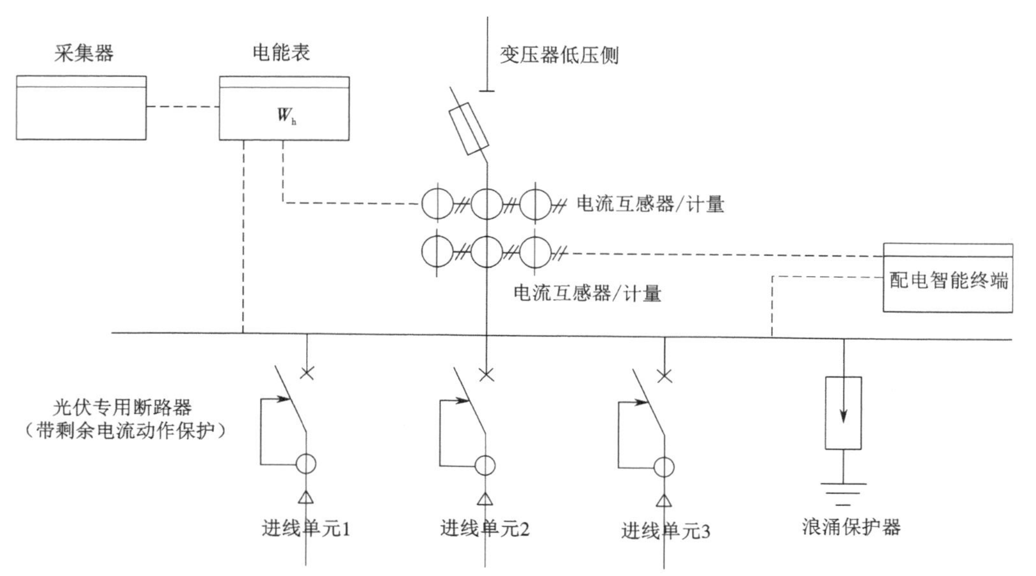

图 2-39 专用柱上变压器集中接入电气主接线图

2.2.6　光伏扶贫电站配电台区安全提示标识制作和设置要求

为了规范电站的管理,保障工作人员的人身安全,在光伏电站的台区(接入变压器)需设置安全提示标识,材料一般采用铝箔覆膜标签纸,黄底黑字标识。

1. 制作要求

配电台区安全提示标识的规格为 310 mm × 250 mm,内容如图 2-40 所示。

图 2-40　配电台区安全提示标识示例

2. 设置要求

配电台区安全提示标识应张贴在配电箱正门中间明显位置,粘贴应可靠牢固,如图 2-41 所示。

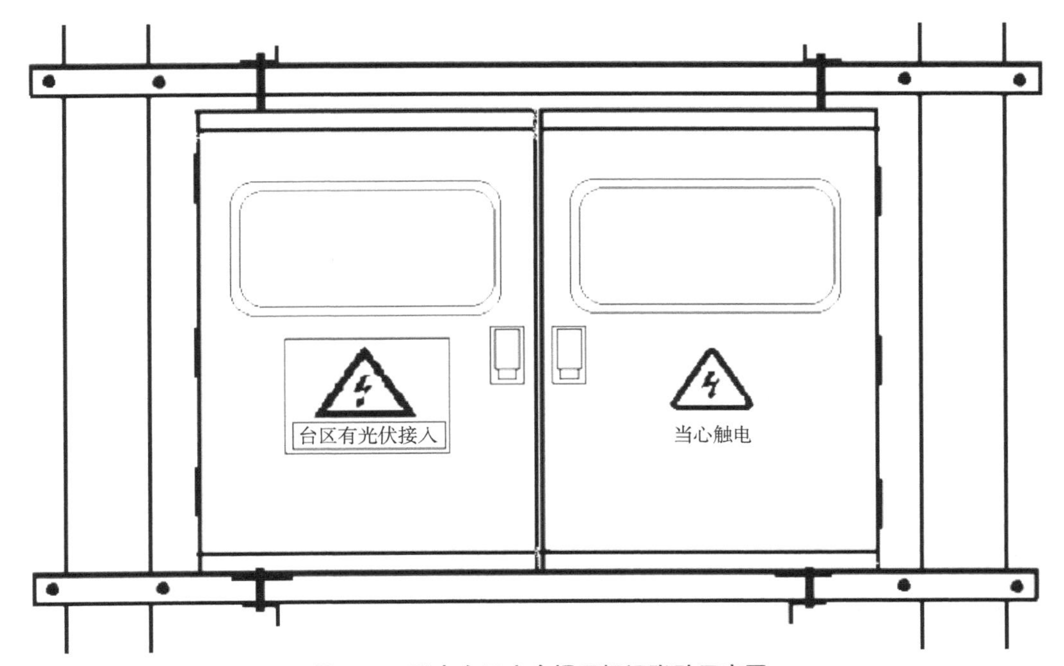

图 2-41　配电台区安全提示标识张贴示意图

【能力拓展】母线是指用高导电率的铜(铜排)、铝质材料制成的,用以传输电能,具有汇集和分配电力能力的产品。在电力系统中,母线将配电装置中的各个载流分支回路连接在一起,起汇集、分配和传送电能的作用。

第 3 章　户用光伏电站的运行与维护

【知识目标】

（1）掌握户用光伏电站运维接收要求。

（2）了解光伏电站运维管理要求，包括基本要求、人员组成、人员要求等。

（3）掌握户用光伏电站的不同巡检层级的维护内容、方法、周期及处理措施。

（4）掌握户用光伏电站常规检查、专业检查和特殊检查的具体内容。

【能力目标】

（1）能够制定简单的运维接收清单。

（2）能够检查运维接收清单的文档和信息的完整性。

（3）能够进行户用光伏电站常规检查、专业检查和特殊检查工作。

（4）能够根据检查结果，填写巡检表。

（5）具有光伏电站常规检查能力、分析问题能力及简单的电气维修能力。

截至 2018 年年底，我国历史累计光伏装机容量已超 174 GW，背后孕育的是万亿元规模存量的光伏运维市场。运维是运行和维护维修的简称，以光伏电站系统安全为基础，通过定期与不定期的设备检测、检修、巡检，对电站进行合理管理，保证电站的安全、平稳、高效运行和投资收益率。运维贯穿光伏电站 25 年的全生命周期，为其发电量保驾护航，对整个行业发展的重要性不言而喻。

本章围绕户用光伏电站和光伏扶贫电站两类分布式光伏电站，重点介绍这两类光伏电站的运维管理要求、电站巡检和设备的运行与维护。

3.1　户用光伏电站的运维管理

3.1.1　户用光伏电站的运维接收

户用光伏电站的产权归用户所有，用户有权力选择合适的运维单位或个体管理运维工作。在光伏电站的运维工作流转过程中，为了光伏电站运维管理工作的顺利开展，在运维接管时，需要对光伏电站及相关资料进行一些检查。

1. 文件及信息要求

（1）分布式电站业主及联系方式、建设单位及联系方式。

（2）系统的安装地点、安装位置和计量表的位置。

（3）系统建设及并网日期。

（4）组件、逆变器等设备的制造商、型号、功率和数量等。

（5）光伏支架和线缆的制造商、型号和数量。

（6）技术文件、设计图纸、施工图纸、并网验收文件。

2. 检查要求

户用光伏系统运维接收检查与验收检查内容基本一致，主要包括对系统设备和系统结构的质量检查，检查方法是目视或简单的测试手段，检查内容主要包括关键设备与部件、光伏阵列、防雷接地和标识等。

1）光伏支架检查

光伏支架的检查分成三个部分，即外观要求、与组件的连接要求、与基础的连接要求，概述如下：

（1）支架的外形与系统设计一致，无明显变形；

（2）支架应无明显锈蚀现象，构件间牢靠，无明显偏移；

（3）支架与组件的连接处固定，连接处的组件边框无形变，固定螺栓无锈蚀现象；

（4）支架与基础的连接与设计一致，连接牢靠；

（5）基础未损坏建筑的主体结构，对于破坏防水层的支架部分防水处理合理；

（6）对光伏组件进行外观检查，组件整体无明显形变、裂痕；

（7）光伏组件的 MC4 连接器卡接到位；

（8）组件型号与移交清单、系统设计规格一致。

2）电气设备检查

（1）逆变器的规格型号、数量与系统设计一致，逆变器的组串接入数量和连接方式与系统设计一致。

（2）逆变器外观良好，通风良好，风机运转正常。

（3）逆变器上的历史数据正常，无明显偏差。

（4）并网计量箱和用电计量箱外观良好，无明显锈蚀现象。

（5）并网计量箱和用电计量箱内部电气外观良好，触点无拉弧痕迹、无松动。

（6）电缆规格、型号与系统设计一致，电缆的铺设方式与系统设计一致。

（7）电缆绝缘层完好无损。

3）防雷接地检查

（1）防雷接地使用的接闪器（如有）、引下线、等电位导体、接地极、接地连接线等构成防雷接地系统的设施符合要求。

（2）光伏组件边框之间、光伏组件边框与光伏支架之间、光伏支架与接地扁铁之间、逆变器保护接地与接地排之间的电阻值小于 0.5 Ω。

4）标识检查

（1）所有标识清晰可见、牢固、无破损。

（2）建筑物上有明显光伏系统安装标识，标识位置符合系统设计要求。

（3）醒目位置或紧急关停位置粘贴紧急关机程序。

（4）并网计量箱和用户计量箱有警告标签。

【试一试】根据要求制作户用光伏电站运维接收的项目验收清单。

3.1.2　户用光伏电站的运维管理

户用光伏电站的产权归属用户，用户有权力选择光伏系统运行维护单位或专业人员。通常情况下，户用光伏电站的运维由地方政府牵头，针对某一地区的户用光伏电站运维整体打包招标，确定运维单位。现阶段，户用光伏电站运维的价格在 6~7 分 /（年·瓦）。如一个户用 5 kW 光伏电站，年维护费用在 300~350 元。

1. 运维基本要求

（1）运行维护单位应保证光伏电站本身安全以及光伏电站不会对人员造成危害，并使光伏电站维持最大的发电能力。

（2）运行维护单位应通过数据监控系统对户用光伏电站的运行状态进行实时监控，及时发现问题并及时消缺。

（3）运行维护单位应对光伏电站运行与维护全过程进行详细记录，并对记录进行妥善保管。

2. 运维人员组成及要求

户用光伏电站运行维护因规模较小、电站结构简单，可由 1~2 名运维人员共同前往进行运维作业。不同的运维分类，对于运维人员技术技能方面，需要有一定的要求。

（1）运行维护人员应具有光伏系统专业知识、电气知识、安全消防知识或经过专业单位培训合格。

（2）运行维护人员应了解常用监视和测量设备、防护工具，并能熟悉日常需用的设备、仪器的操作。

（3）运行维护人员应妥善保管户用光伏并网发电系统的文档、标识、备品备件及防护工具。

（4）运行维护人员应对户用光伏并网发电系统的运行监视、日常维护、故障记录、报告处理的工作负责。

在运维过程中，应及时填写运行维护记录并对其进行妥善保管。运行维护记录包括设备巡检和维护记录、设备运行状态与参数记录、电站故障记录。

3. 备品备件、安全防护器材和检测设备的管理

运维单位应具有备品备件，备品备件应包括光伏组件、压块、紧固件、光伏连接器、低压电缆、逆变器等，备品备件应合格，并在有效使用年限内。

运维人员在运维前，应带有安全防护器材，一般包括安全帽、绝缘手套、绝缘鞋，要确保安全防护器材合格且在有效使用期限内。

专业运维前，需要配备检测设备定期进行检测和校验，一般包括万用表、钳形电流表、手持式红外热像仪、绝缘电阻测试仪、接地电阻测试仪、*I-V* 曲线测试仪等。

3.2 户用光伏电站的运维作业

户用光伏电站的运维作业可分为巡检和运维两类。巡检是为了能够及时发现问题,运维是为了解决巡检所发现的问题。为了保证光伏电站的安全、高效运行,应分别制定巡检规程和运维规程,并对工作人员进行相关技术培训。

户用光伏电站的巡检可分为三类:常规检查、专业检查和特殊检查。

常规检查:以目测检查为主,并根据目测情况进行维护,检查过程可由经培训的初级运维人员按要求进行,一般每半年检查一次。

专业检查:使用专业工具,检查电站的各项性能指标,一般每一年检查一次。

特殊检查:检查时间不定期,在恶劣天气或自然灾害后应进行检查。

户用光伏电站的巡检可分为 12 个内容,表 3-1 列出了户用光伏电站巡检分类、巡检内容和周期表。

表 3-1 户用光伏电站巡检分类巡检内容与周期一览表

序号	巡检内容	常规检查	专业检查	特殊检查
1	周边环境检查	半年 1 次	—	不定期
2	光伏组件外观检查	半年 1 次	—	不定期
3	光伏支架结构检查	半年 1 次	—	不定期
4	系统连接线检查	半年 1 次	—	不定期
5	逆变器运行检查	半年 1 次	—	不定期
6	并网计量箱运行检查	半年 1 次	—	不定期
7	光伏方阵安全检查	—	每年 1 次	—
8	系统连接线测试	—	每年 1 次	—
9	逆变器测试	—	每年 1 次	—
10	并网计量箱测试	—	每年 1 次	—
11	光伏阵列检查	—	—	不定期
12	防雷接地电站检测	—	—	不定期

户用光伏电站的巡检内容可根据分类,安排合适的人员进行,具体检查内容和处理方法如下。

3.2.1 户用光伏电站的常规检查

1. 周边环境的检查及处理

周边环境检查,主要检查以下内容:

(1)光伏组件的采光方向上应无遮挡物,四周无倾倒物隐患,无粉尘或油气源隐患;

(2)光伏组件及配电设备周边应通风、散热良好,无易燃物堆放。

周边环境检查出的问题,可由用户自行处理,如锯掉遮挡的树枝等。

2. 光伏组件的外观检查及处理

光伏组件常规检查主要通过外观目测进行,常见的组件问题典型现象如图 3-1 所示。

图 3-1　组件问题的典型现象

根据表 3-2 所列措施对光伏组件问题进行处理。组件表面的杂物一般跟户主有关,可在确保安全的情况下去除杂物。遮挡现象可能是由于环境条件的变化造成的,可根据情况处理。

表 3-2　光伏组件的常规检查维护一览表

序号	检查部位	现象	处理
1	组件表面	有杂物	去除杂物
2	组件表面	遮挡	解决遮挡
3	组件表面	玻璃破碎、镀膜隆起或脱皮	记录,并申请更换
4	组件表面	积雪或灰尘	表面清洁
5	背板	有灼焦、开裂、脱落现象	记录,并申请更换
6	接线盒	有变形、开裂、烧毁现象	记录,并申请更换
7	直流电缆及连接器	有脱落、损坏现象	更换电缆或连接器
8	组件内部	有水汽	记录,并申请更换

光伏组件更换注意事项如下：

（1）关闭逆变器直流侧开关，断开逆变器连接插头，并悬挂安全标示牌；

（2）对组件和支架接地进行检测，确保人身安全；

（3）断开故障光伏组件与串联光伏组串的连接插头，更换组件；

（4）更换后，必须测量开路电压，确认开路电压与逆变器匹配，并记录；

（5）使用质量合格的绝缘工具，防止误碰带电体；

（6）作业时穿防护服，并佩戴所需安全防护用具。

光伏组件的表面清洁是保持光伏发电收益的重要措施。光伏组件表面污染会导致光伏系统发电效率降低，一般情况下，因表面污染致使系统发电效率降低 5% 时（具体数值由运维企业自行规定），则需要进行组件清洗。当组件表面因积雪、灰尘、树叶、油污等附着物覆盖时，则需要进行组件表面清洁处理。

户用光伏电站的组件的表面清洁的组织工作一般由运维企业统一安排，清洁人员经过培训后，方可进行光伏组件的清洁。组件清洗工作负责人和安全员必须熟悉电气专业相关知识，并具有组件清洁的相关工作经验。

在进行光伏组件表面清洁时，需注意以下事项。

（1）进行组件清洁前，应通过监控软件记录检查是否有电量输出异常的记载，如果没有电量输出异常记录，则正常进行清洁工作；如果有电量输出异常记录，则需先检查原因，排除故障。

（2）清洗前，用试电笔对组件铝框、支架、钢化玻璃表面进行测试，排除漏电隐患，确保人员安全。

（3）为了避免光伏组件对人身的电击伤害，防止组件发生热斑效应，维护人员应在辐照度低于 200 W/m^2 的情况下清洁光伏组件，一般选择在早晨或者下午较晚的时候进行组件清洁工作。

（4）进行组件清洁的人员，应穿防护服并佩戴帽子，以避免造成人员的刮蹭伤。防护服及清洁工具上禁止出现钩子、带子等容易引起牵绊的物件。

（5）不应使用腐蚀性溶剂或用硬物擦拭光伏组件；不宜使用与组件温差较大的液体清洗组件；不宜采取吹气方式清洁，避免灰尘在组件表面之间迁移，否则达不到彻底清洁的效果。

（6）清洁时可使用干燥的专业拖把将组件表面的浮灰、树叶等附着物扫掉；对于紧密附着物，如鸟粪的残余物、植物汁、湿土等无法清扫掉的物体，可通过清洗来处理。如果必要，可以在阴雨天气下进行清洗。如果是雷雨天气，切勿进行清洁作业，以免造成雷击伤害。

（7）为避免环境污染、保证人身安全，不应在风力大于 4 级、大雨或大雪的气象条件下清洗光伏组件；冬季清洁应避免冲洗，以防止气温过低而结冰，从而造成污垢堆积。

（8）不应踩踏组件、光伏支架、电缆桥架等光伏系统设备或用其他方式借力于组件和光伏支架，清洁设备对组件的冲击压力应控制在一定范围内，避免不当受力引起光伏组件的隐裂。

（9）不宜站立在距离屋顶边缘不足 1 m 的地方进行作业，不足 1 m 时应有监护人员；清扫过程中,不应将工具及杂物向下投掷,应在作业完成后将工具及杂物一起带走。

(10)不应将清洗水喷射到组件接线盒、电缆桥架、逆变器、并网计量箱等设备。

3. 光伏支架结构的检查及处理

户用光伏电站的屋顶一般以坡屋顶、平屋顶较为常见。坡屋顶一般采用顺坡架空安装方式,平屋顶一般采用混凝土基础安装方式,如图 3-2 所示。

(a)

(b)

图 3-2　用户光伏屋顶安装方式

(a)坡屋顶　(b)平屋顶

坡屋顶顺坡架空安装方式的结构件一般采用铝型材、铝合金,不需要进行防锈处理。主要检查位移或固定件松动情况。如果发现位移情况,需及时处理,以免影响屋顶的正常功能。处理坡屋顶的位移可能会涉及屋顶的建筑维修,需安排相关建筑维修人员共同实施。具体实施步骤和注意事项,可以参考坡屋顶电站建设施工相关内容。

对光伏支架的常规检查和处理方式主要有三个方面,如表 3-3 所示。

表 3-3　光伏支架常规检查维护一览表

序号	检查部位	现象	处理
1	外观	支架形变或位移	记录,更换或调整
2	金属涂层	开裂、剥落、锈蚀	防锈处理
3	固定件	松动	紧固松动

光伏阵列与支架维修判定标准及维修注意事项,见"光伏阵列与支架的定期维护"部分。

4. 系统连接线的检查及处理

光伏系统连接线是指到光伏逆变器之前的所有电气连接线部分,包括组件之间、光伏阵列到逆变器之间、阵列防雷接地等部分的电气连接线部分,如图 3-3 所示,其中虚线部分为系统连接线检查的主要部分。

图 3-3 光伏系统连接线部分

光伏系统连接线常规检查及处理方式如表 3-4 所示。

表 3-4 光伏系统连接线常规检查维护一览表

序号	检查部位	现象	处理
1	电缆	磨损或损坏	防水电工胶带缠裹包扎或更换电缆
2	扎带	脱落	重新绑扎
3	端子标识	脱落	重新标注
4	连接器	松动或有烧灼痕迹	紧固或更换
5	防雷接地	松动或脱落	紧固或处理接地线

光伏系统连接线线路部分，在工程实施时，一般会外附钢管或聚氯乙烯（PVC）塑料保护套管。

5. 逆变器的检查及处理

一般来说，户用光伏电站的规模较小（功率小于 30 kW），一般采用组串式逆变器。由于组串式逆变器不带隔离变压器设计，电气安全性稍差，直流分量较大，对电网有比较大的影响。

逆变器的检查及处理方式如表 3-5 所示。

表 3-5 组串式逆变器常规检查维护一览表

序号	检查内容	现象	处理
1	外观检查	外观损伤、变形严重等	返厂维修
2		安装位置偏移、倾斜等	重新安装
3		表面积灰，影响散热	清理积灰
4		警示标志破损、卷标、脱落	更换标识

续表

序号	检查内容	现象	处理
5	运行状态检查	液晶显示(LCD)屏无显示、无法触动	如果直流输入正常,则需要返厂维修
6		运行时有较大振动及异常噪声	返厂维修
7		外壳发热异常	返厂维修
8		显示屏上参数与监控平台参数对比	检修
9	电气连接	电缆连接松动	断电检修,情况严重及时更换
10		与金属表面接触的电缆表面存在割伤的痕迹	
11	MC4 端子	端子松脱、断裂、发热熔化	紧固、更换端子
12	通信检查	监控平台无数据显示	检查数据线和监控设备,并维修

组串式逆变器的运行规定如下。

(1)逆变器根据日出和日落的光照强度,实现自动开机和关机。

(2)逆变器具有自动与电网侧同期功能,当输入电压大于启动电压且电网电压、频率在逆变器允许范围内,逆变器自动并网,无须人为干预。

(3)逆变器正常运行时不得更改逆变器任何参数。

(4)逆变器并网运行,系统发生扰动后,逆变器将自动解列,在系统电压、频率未恢复到正常范围前,逆变器不允许并网;当系统电压、频率恢复正常后,逆变器需要经过一个可延时时间后才能重新并网。

如果检查时发现逆变器屏幕有故障显示,则根据故障显示提示,进行测试和维修。逆变器的测试和维修见后续“逆变器的测试及处理”相关内容。

6. 并网计量箱的检查及处理

并网计量箱(图 3-4)是光伏发电并网接入的核心设备,正常情况下处理闭锁状态,检查时需要用锁钥打开。其常规检查及处理方式如表 3-6 所示。

表 3-6　并网计量箱常规检查维护一览表

序号	检查内容	现象	处理
1	外观检查	箱体变形、锈蚀、漏水、积灰等	重新喷漆、清理灰尘、更换密封件等
2		安全警示标识破损、卷边或脱落	更换
3	运行状态检查	带电指示、位置指示异常	停电检修
4		元器件温度异常	紧固接头或更换元器件
5	并网专用断路器检查	电缆接头松动	紧固接头
6		无法正常合闸	更换
7	防雷器检查	装置松动或失效	紧固或更换

并网计量箱外观如图 3-4 所示。

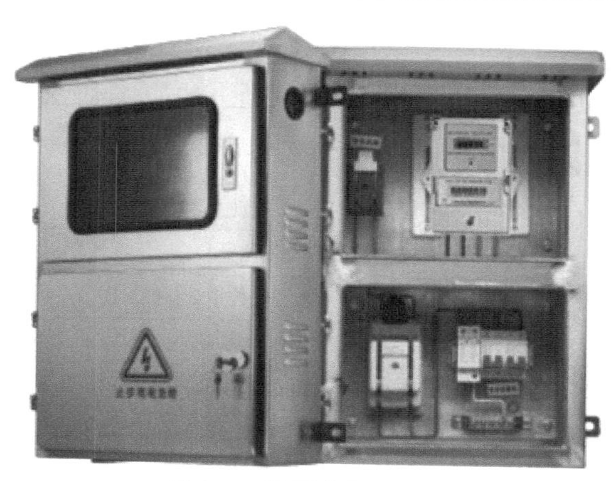

图 3-4 并网计量箱外观

并网计量箱维护注意事项如下。

（1）在维护检修时，必须断开隔离开关和并网专用断路器，严禁带电作业。

（2）在维护过程中，应穿戴防护手套、绝缘鞋等。

3.2.2 户用光伏电站的专业检查

1. 光伏阵列的安全检查及处置

使用绝缘电阻测试仪检查光伏阵列输出端和地之间的绝缘电阻。在进行光伏阵列测试前，首先关闭逆变器直流侧开关，然后方可拆卸直流侧 MC4 接口，测试方法有以下两种。

方法一：对光伏阵列的负极和地之间进行测试，然后对正极和地之间进行测试，如图 3-5 所示。（测量时需要表笔充分接触光伏接头的金属部分）

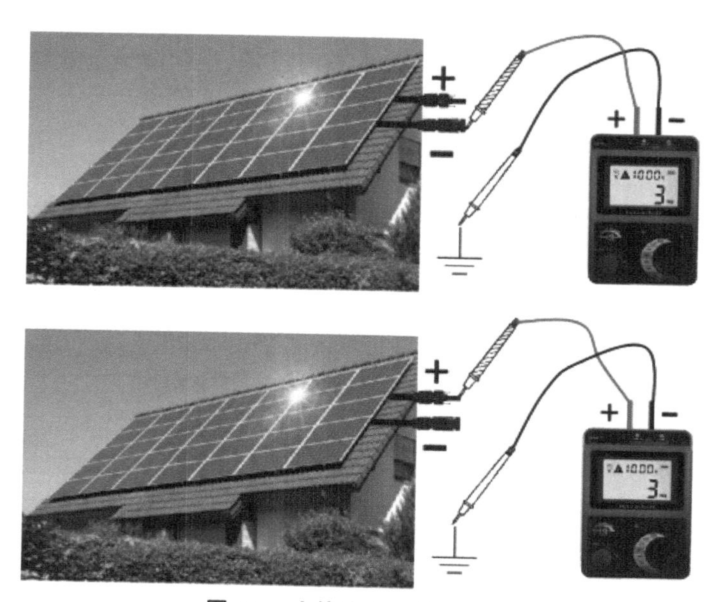

图 3-5 光伏阵列绝缘测试方法一

方法二：把光伏阵列的正负极通过直流负荷开关安全短接（防止短接拉弧）后，和地之间进行测试，如图 3-6 所示。

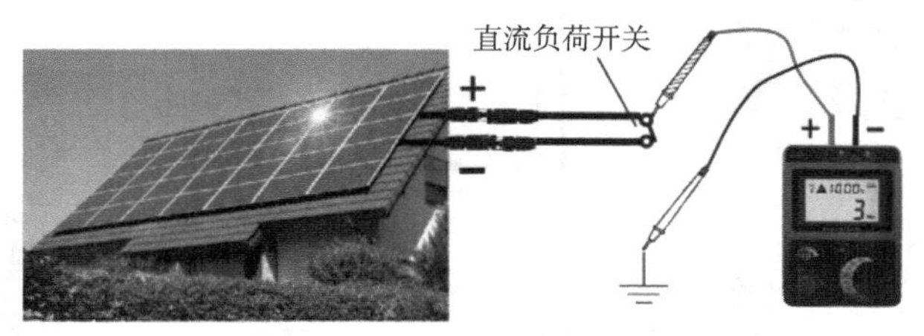

图 3-6　光伏阵列绝缘测试方法二

在进行光伏阵列安全测试时，要求组串的容量不超过 10 kWp。如果组串容量超过 10 kWp，需对组串分开测试。采用第一种方法进行测试时，负极对地和正极对地存在电容电压，会对仪器和测量精度产生影响。绝缘电阻测量电压值和限值要求如表 3-7 所示。如果测量显示绝缘电阻值低于表中数值，表明光伏阵列电气线路有绝缘层被破坏，则需进一步检查并解决问题。

表 3-7　绝缘电阻测量电压值和限值要求

系统电压（V） （标准开路电压 ×1.25（V））	测试电压（V）	绝缘电阻值（MΩ）
U<120	250	0.5
120 ≤ U ≤ 500	500	1
500 ≤ U ≤ 1 000	1 000	1

光伏阵列绝缘电阻测量及维修注意事项如下。

（1）测量前，关闭逆变器，关闭直流侧开关，并悬挂安全标示牌。

（2）将光伏阵列与系统连接线接口断开。

（3）限制测试地区的非授权进入。

（4）工作人员穿戴合适的防护服和防护设备。

2. 系统连接线的测试及处置

该项测试为电缆直流耐压性测试，根据相关标准，可用 1 000 V 或 2 500 V 兆欧表测量对地绝缘电阻代替直流耐压性测试。一般项目交付 1~3 年需要进行一次检测，或在检查并更换电缆后测试一次。测量数值可参考光伏阵列绝缘电阻限值要求（表 3-7）。

测试前，关闭逆变器，断开连接线和光伏阵列、连接线和逆变器的连接，方可进行测试。测试时，需注意每一根光伏阵列到逆变器之间的线缆都需要进行测试，如图 3-7 所示两根系统连接线都需要单独测试。测试前，需注意测试地区的非授权进入以及测试时的绝缘保护。

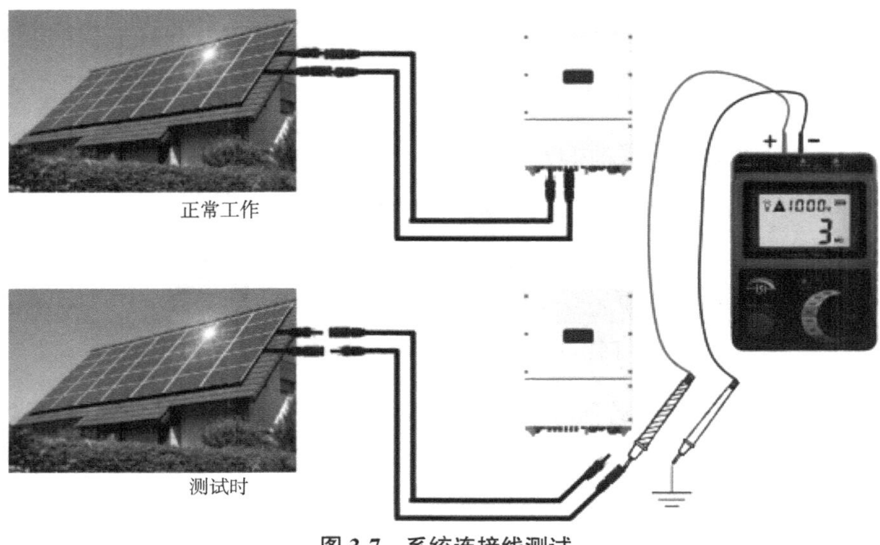

图 3-7 系统连接线测试

系统连接线测试及维修注意事项如下。

（1）关闭逆变器直流侧开关，断开逆变器连接插头，并悬挂安全标示牌。

（2）对组件和支架接地进行检测，确保人身安全。

（3）断开串联电池组串和系统连接线的连接插头，维修或更换系统连接线。

（4）维修后，进行电缆直流耐压性测试。

（5）使用质量合格的绝缘工具，防止误碰带电体。

（6）作业时穿防护服，并佩戴所需的安全防护用具。

如果没有特别需求，为了工作方便，可把光伏阵列安全测试和系统连接线测试合在一起进行。

3. 逆变器的测试及处置

1）逆变器测试

结合相关国家标准以及户用光伏电站的实际情况，逆变器的参数测试可包括保护功能检测、转换效率检测、电能质量检测几个方面。

Ⅰ. 保护功能检测

防反放电保护是指逆变器直流侧电压低于允许电压工作范围或逆变器处于关机状态时，逆变器直流侧应无反方向电流流过。也就是说，当逆变器处于待机或关机状态时，检测直流侧，不会出现逆变器的电流往直流源（太阳能电池板）走。

根据相关国家标准，防孤岛保护装置的动作时间不大于 2 s。可根据场地情况进行测试，检查逆变器的防孤岛保护装置是否正常工作。

Ⅱ. 转换效率检测

对于光伏电站的运维而言，转换效率是逆变器最重要的性能指标。选择一个典型工作日，从早到晚利用逆变器显示参数在不同负载率时读取逆变器的输入 / 输出功率，并记录到表 3-8 中，再根据逆变器加权效率公式计算逆变器的加权转换效率。由于表中的加权效率公式是根据中国的气候特征而得出的计算公式，因此该公式的效率也被称为逆变器的中国效率。

表 3-8　逆变器的加权效率测试记录表

日期	时间	负载率（%）	输入电压（V）	输入电流（A）	输入功率（W）	输出有功（W）	逆变器效率（%）	其他
		5						
		10						
		20						
		30						
		50						
		75						
		100						
逆变器加权效率		$\eta_{China}=0.02\eta_{5\%}+0.03\eta_{10\%}+0.06\eta_{20\%}+0.12\eta_{30\%}+0.25\eta_{50\%}+0.37\eta_{75\%}+0.15\eta_{100\%}$						

如有必要，在进行读数的同时，可测量太阳辐照度、环境温度和组件温度，并记录备用。为了提高工作效率，可综合使用运维平台监控数据和现场实际测量相结合。

Ⅲ. 电能质量检测

电能质量检测一般检测并网电流谐波、功率因数、三相不平衡度、直流分量等参数，需使用电能质量测试仪，并把测试结果填入表 3-9 中。实际需测试的参数，参考本地电力部门对电能质量的要求进行测试。

表 3-9　并网点电能质量测试记录表

序号	测试项目	检测结果	合格判定标准	结论
1	平均电压偏差		户式输出电压小于 20 kV，± 7%	
2	平均频率偏差		± 5 Hz	
3	总谐波电流畸变		小于 5%	
4	功率因数		≥ 0.95	
5	三相不平衡度		不超过 2%，短时不超过 4%	
6	直流分量		≤ 0.5%	

2 ）逆变器故障处理

当组串型逆变器有故障时，面板会出现故障提示，可根据故障提示查找问题。如果逆变器面板出现错误提示代码，可查找该逆变器说明书，找到代码所对应的问题。逆变器常见故障举例及处理如下。

Ⅰ. 逆变器开机无响应

解决思路：使用万用表检查输入线路的正负极是否接反。目前的光伏逆变器一般有防接反功能，接反不会引起逆变器损坏，恢复正常接线即可。

Ⅱ. 面板对地绝缘阻抗过低(图 3-8)

解决思路:逆变器直流侧绝缘层受损,导致直流侧有漏电情况,可采用排除法找到漏电的组串。用绝缘电阻测试仪分段检查故障组串,重点检查直流接头是否有水浸短接、电缆破损、组件边缘黑斑烧毁导致组件通过边框漏电等。

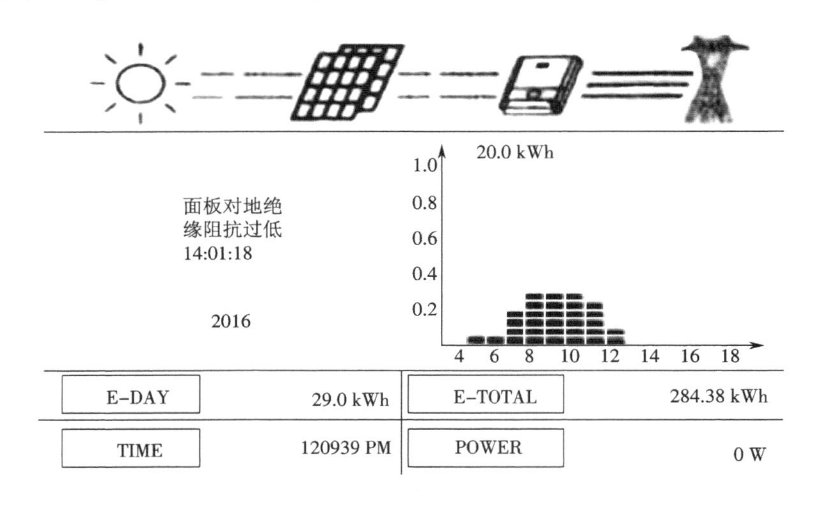

图 3-8 逆变器面板对地绝缘阻抗过低

Ⅲ. 面板电压过低

解决思路:如果出现在早 / 晚时段,则为正常情况;如果出现在正常白天,则检查直流输入电路,可能是线路绝缘层损坏或者是组件损坏引起的。

Ⅳ. 面板电压过高(图 3-9)

解决思路: PV 电压过高,可能是组串接线错误引起的。检查组串电压,排除错误接线。如果设计时考虑不周,未考虑温度系数问题,在冬季气温较低时,面板输出电压高,可能会引起面板电压过高的故障,并可能引起设备损坏。

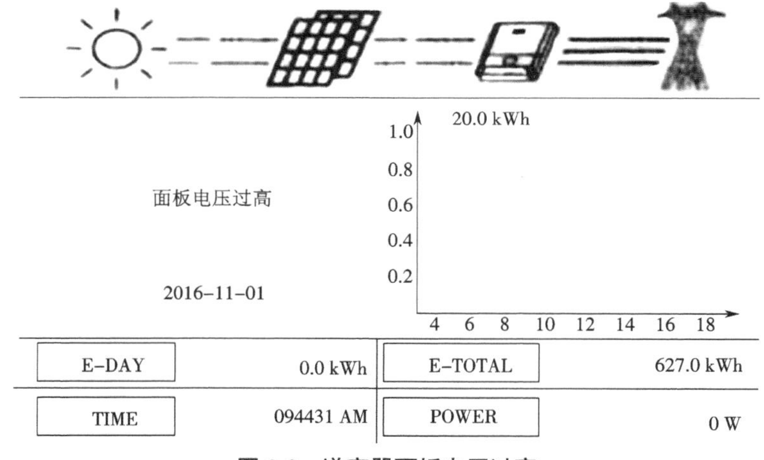

图 3-9 逆变器面板电压过高

Ⅴ. 电网电压超限

解决思路：可能是由于农村电网的电能质量较差引起的。逆变器对并网电压、并网波形、并网距离都有严格要求。电网过压问题多数原因在于原电网轻载电压超过或接近逆变器的安规保护值。可找供电局协调电压或者正确选择并网并严抓电站建设质量。

电网的相关问题还有电网欠压、电网过 / 欠频等现象，这类问题与电网电压超限处理方法一致。

组串型逆变器维护注意事项如下。

（1）在维护检修逆变器时，必须断开直流侧输入开关、交流侧输出开关。

（2）严禁在逆变器正常运行过程中，直接拆卸直流侧 MC4 接线。

（3）在维护过程中，应穿戴防护手套、绝缘鞋等。

（4）严禁私自拆解逆变器。

4. 并网计量箱的测试及处置

光伏发电并网计量箱内有电能表、采集器（可选）、刀闸、漏电流保护器、浪涌保护器、并网专用开关、空气开关等设备。在进行并网计量箱设备测试时，主要测试漏电保护器、浪涌保护器、并网专用开关等。

1）漏电保护器测试

漏电流保护器也叫剩余电流保护器、漏电断路器，主要用来在设备发生漏电故障时对有致命危险的人身触电进行保护，同时也具有过载和短路保护功能，如图 3-10 所示。

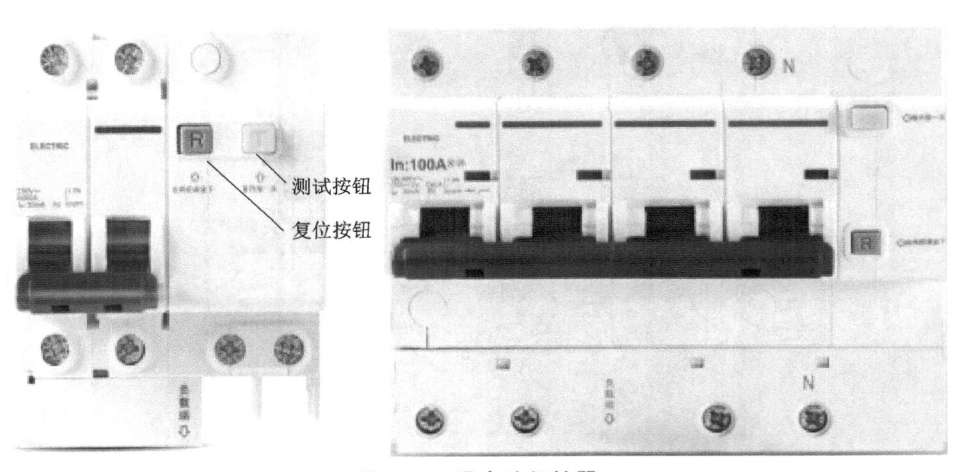

图 3-10　漏电流保护器

按动“测试按钮”，漏电流保护器能够自动跳闸，则漏电流保护器正常，否则应该更换。检查后，先按“复位按钮”，再合闸。

2）浪涌保护器测试

浪涌保护器也叫防雷器，是一种安全保护的电子装置，当电气回路中产生尖峰电流或电压时，浪涌保护器能够在极短的时间内导通分流，避免浪涌回路对其他设备造成损害。如图 3-11 所示为单相浪涌保护器。

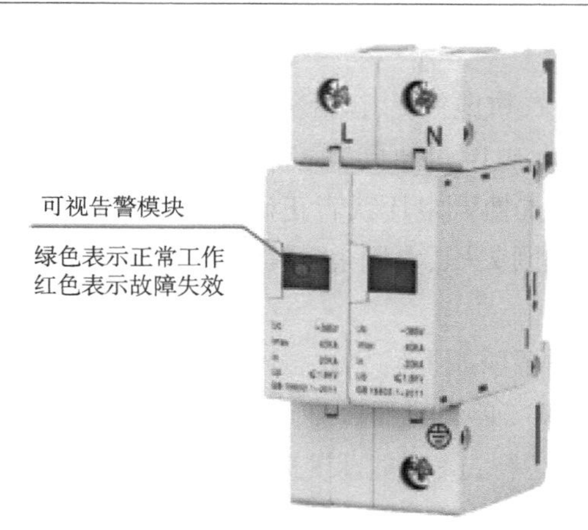

图 3-11 单相浪涌保护器

当浪涌保护器的告警模块指示窗口为绿色时(通常),表示该模块正常;当指示窗口变成其他颜色时,表明需要更换告警模块。具体的告警模块颜色变化,可查阅浪涌保护器使用说明书。

3)并网专用开关测试

并网专用开关也叫并网接口断路器,主要功能为检有压合闸和失压跳闸功能。目前的并网专用开关一般还具有欠压跳闸、过压跳闸等功能。如图 3-12 所示为并网专用开关。

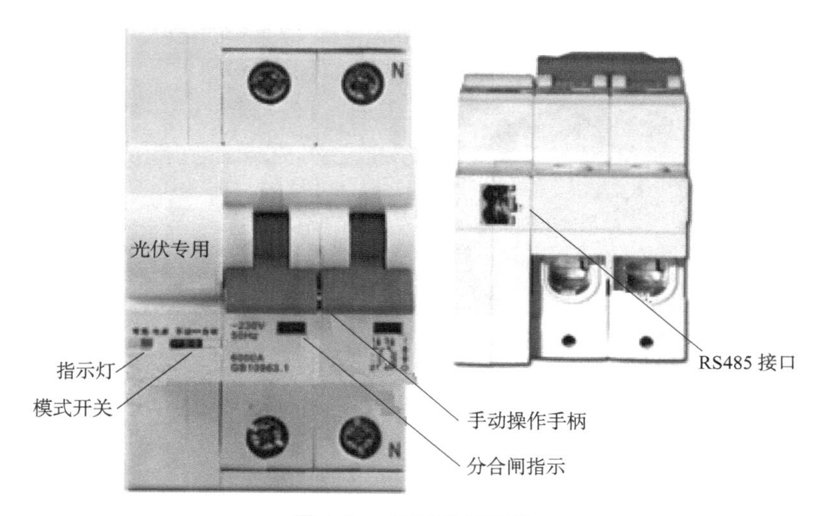

图 3-12 并网专用开关

并网专用开关的指示灯除了显示正常开合闸状态外,还可能有过压、欠压等状态,具体状态可参考产品说明书。根据相关国家标准,过欠压的保护动作时间要求如表 3-10 所示,在选择相应的并网专用开关时,需要注意参数匹配。部分并网专用开关具备远程状态显示和远程控制功能,通过 RS485 端口(或其他通信方式)进行远程连接。

表 3-10　过欠压保护动作时间要求

并网点电压	要 求
$U<50\%U_n$	最大分闸时间不超过 0.2 s
$50\%U_n \leqslant U<85\%U_n$	最大分闸时间不超过 2.0 s
$85\%U_n \leqslant U<110\%U_n$	连续运行
$110\%U_n \leqslant U<135\%U_n$	最大分闸时间不超过 2.0 s
$135\%U_n \leqslant U$	最大分闸时间不超过 0.2 s

注：1. U_n 为并网点电网额定电压。
　　2. 最大分闸时间是指异常状态发生到电源停止向电网送电时间。

并网专用开关的运维检查一般会测试检有压合闸和失压跳闸的功能，通过控制外部电网的开合，来检测并网专用开关的基本功能。

3.2.3　户用光伏电站的特殊检查

1. 光伏方阵的检查

当户用光伏在平屋顶安装时，一般采用混凝土基础安装方式，在遇到恶劣天气或自然灾害后，可能会引起光伏方阵的移动，导致光伏方阵的方位角和倾角变化，影响光伏电站的发电量。因此，在恶劣天气或自然灾害后，光伏方阵运维时需要进行检查。

目前的智能手机功能强大，可以使用手机中的磁阻效应传感器和相应的软件来进行测量。例如手机中的指南针软件，打开指南针软件，将手机平放到需要测试的光伏组件上，即可测得相关数值，如图 3-13 所示，可知该方阵的方位角为北 13°，倾角 41°。

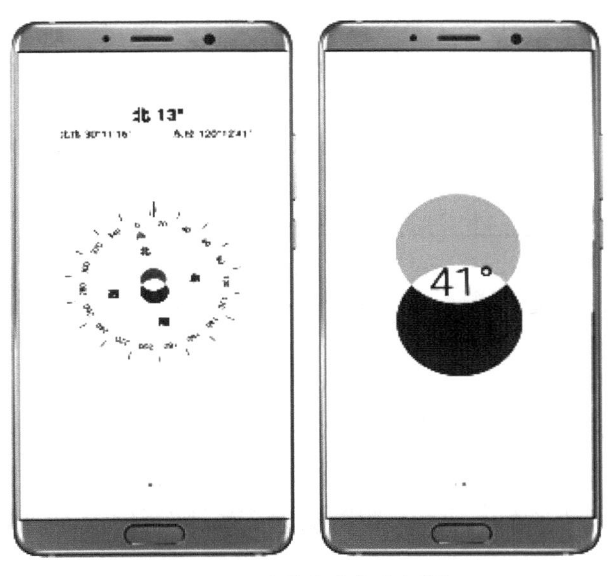

图 3-13　方位角和倾角测量

我们平常所说的北极，从技术上来说有两个：地理北极和磁北极，如图 3-14 所示，磁北极是地球表面地球磁场方向垂直向下的点，它与地理北极并不相同，由于地球内熔融内核在变化，磁北极的位置也在不断地变化。

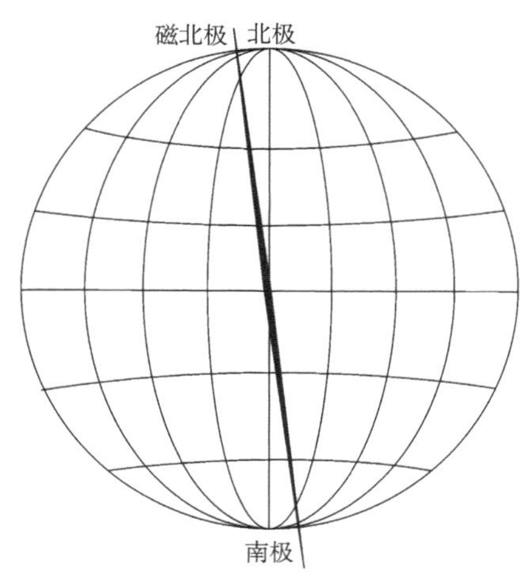

图 3-14 磁北极和地理北极示意图

由于手机测量使用的是磁阻效应传感器，所测量的方位角是对应的磁北极角度，不同品牌的手机，在显示测示结果时会有差别，如华为品牌手机显示的是以磁北极为基点的信息，而有的品牌手机显示的是以修正后的地理北极为基点的信息。在工程应用中，如果需要地理北极角度，则需要根据情况进行修正，我国部分城市的修正值可参考表 3-11。

表 3-11 我国部分城市磁偏角修正值

序号	城市	磁偏角	序号	城市	磁偏角
1	北京	6° 05′（西）	6	洛阳	3° 49′（西）
2	上海	4° 43′（西）	7	武昌	3° 21′（西）
3	广州	1° 49′（西）	8	厦门	0° 12′（西）
4	哈尔滨	9° 51′（西）	9	拉萨	0° 12′（东）
5	杭州	4° 35′（西）	10	乌鲁木齐	3° 05′（东）

使用手机磁阻效应传感器测量方法主要依托地磁，在地磁异常地区，不能使用该方法进行测量。

2. 防雷接地电站的检测

一般来说，防雷检测可分成六个部分：接闪器、引下线、接地、屏蔽、等电位和浪涌保护器。户用光伏电站的接地主要有三个模块：光伏支架、逆变器接地点、并网箱接地点。可针对这三个模块分别进行检查，并测试接地电阻，要求接地电阻不大于 4 Ω。

3.2.4 户用光伏电站巡检表

户用光伏电站巡检表详见表3-12。

表3-12 户用光伏电站巡检记录表

项目名称			
项目地址			
装机规模			
并网电压			
序号	巡检项目	巡检标准	巡检记录
第一部分:光伏组件及方阵与支架巡检			
1	光伏组件	组件是否松动	
2		有无破损或明显变形	
3		组件有无灰尘及遮挡	
4	固定支架	支架是否牢固、可靠,螺丝是否松动	
5		支架固定处屋面防水处理是否存在老化	
6	防腐检查	防腐漆是否脱落	
第二部分:线路巡检			
1	直流侧电缆	电缆连接是否松动	
2		电缆是否老化、破皮	
3	交流侧电缆	电缆连接是否松动	
4		电缆是否老化、破皮	
第三部分:逆变器巡检			
1	外观检查	外观无划痕、柜体无明显变形	
2	安装检查	安装牢固、可靠	
3	电气连接检查	连接牢固,无松动	
4	开关分合检查	开关分合灵活可靠	
5	接地检查	接地可靠、无断开	
6	人机界面检查	主要参数显示清晰明确	
7		按键操作正常	
第四部分:并网计量箱检查			
1	外观检查	外观无破损、箱体无明显变形	
2	向内检查	箱内无碎屑或遗留物	
3	内部元器件检查	元器件无松动、脱落	
4	开关分合检查	开关分合灵活可靠	

续表

项目名称			
第五部分:并网检查			
序号	巡检项目	巡检标准	巡检记录
1	逆变器并网检查	直流输入路数	
2		直流电压	
3		交流电压	
4		瞬时功率	
5		交流频率	
6		逆变器保护动作	
7	孤岛保护检查	电网侧电源失电后能够快速可靠断开	
8	通信检查	数据传输是否正常,监控数据显示是否正常	
9	总发电量	记录并网值巡检日总发电量	
巡检结论:			
巡检人:		日期: 年 月 日	

【能力拓展】光伏组件 *I-V* 特性曲线:通过 *I-V* 特性曲线测量,可获得开路电压(V_{oc})、短路电流(I_{sc})、填充因子(F_F)、效率(η)、串联电阻(R_s)、并联电阻(R_{sh})等参数,及时准确地反映太阳能电池性能的好坏,为制备高性能电池提供指导。

第4章　光伏扶贫电站的运行与维护

【知识目标】

（1）了解我国光伏扶贫电站的产生原因。

（2）掌握光伏扶贫电站运维管理要求，包括基本要求、人员组成、人员要求等。

（3）掌握光伏扶贫电站的维护内容、方法、周期及处理措施。

（4）掌握光伏扶贫电站的变压器、交直流电缆、数据系集与监控装置的运维措施。

（5）掌握分布式光伏电站的运维评价指标的含义和计算公式。

【能力目标】

（1）具备光伏扶贫电站的文档处理能力。

（2）具有光伏扶贫电站的电气安全操作能力。

（3）具备光伏扶贫电站分析问题能力及简单的电气维修能力。

（4）掌握文档处理能力、电气安全操作能力。

（5）掌握光伏电站运维能力、分析问题能力。

光伏扶贫电站是以扶贫为目的，在具备光伏扶贫实施条件的地区，利用政府性资金投资建设的光伏电站，其产权归村集体所有，全部收益用于扶贫。光伏扶贫是我国精准扶贫“十大工程”之一，是资产收益扶贫的有效方式，是产业扶贫的有效途径。光伏扶贫电站自2014年开展试点，经过近5年发展，到2019年初累计装机规模达到1 363万千瓦。

本章节介绍光伏扶贫电站的运维管理要求、电站巡检和设备的运行与维护以及分布式光伏电站运维评价指标等内容。

4.1　光伏扶贫电站的运维管理

光伏扶贫电站分成两种类型：户用电站和村级集中电站。扶贫电站中的户用电站的运维与普通户用电站在电网接入技术部分略有区别，在运维技术方面基本一致，在此不再赘述。本节主要讲述村级集中扶贫电站的运维。光伏扶贫电站的运维一般由县级以上政府部门（扶贫办）统一管理，采用集中监控方式，对扶贫电站的运行、维护与检修进行统一管理。

1. 基本要求

（1）光伏扶贫电站的集中运维工作开展前，应检查扶贫电站的选址、设计、关键设备选型、施工、验收等是否满足相关法律法规及国家标准。

（2）光伏扶贫电站的集中运维应综合考虑光伏扶贫电站的规模、数量、电压等级、地理位置、运行维护成本、数据采集及传输方式等因素。

（3）集中运行维护工作应建立集中监控运维系统，该系统应具备数据采集、状态监控、电站基本信息管理、资产台账管理、计划性管理、应急管理、标准化体系管理、缺陷管理、考核指标管理等基本功能，应采用开放式体系结构，具备标准软件接口和良好的可扩展性、稳定性以及信息安全性。

（4）光伏扶贫电站的基础资料应满足集中运维工作的需求，系统基础资料包括承重负荷报告、可研报告、设备使用手册、设备质保书、施工资料（至少包含检验批报告、单位工程和隐蔽工程验收单）、并网验收报告、竣工图纸、运行维护检修记录（如有，要含安全工器具）等。

（5）光伏扶贫电站自身及各生产设备、物资的编号、命名等标识应具备唯一性、简洁性、可读性、通用性。集中运维系统与光伏扶贫电站现场实物的编码应保持一致。

2. 运维人员组成

光伏扶贫电站应建立健全的运维管理组织机构，其可以划分为电站站长（负责人）、值班长、值班员、技术员和数据分析师，其组织结构如图 4-1 所示。

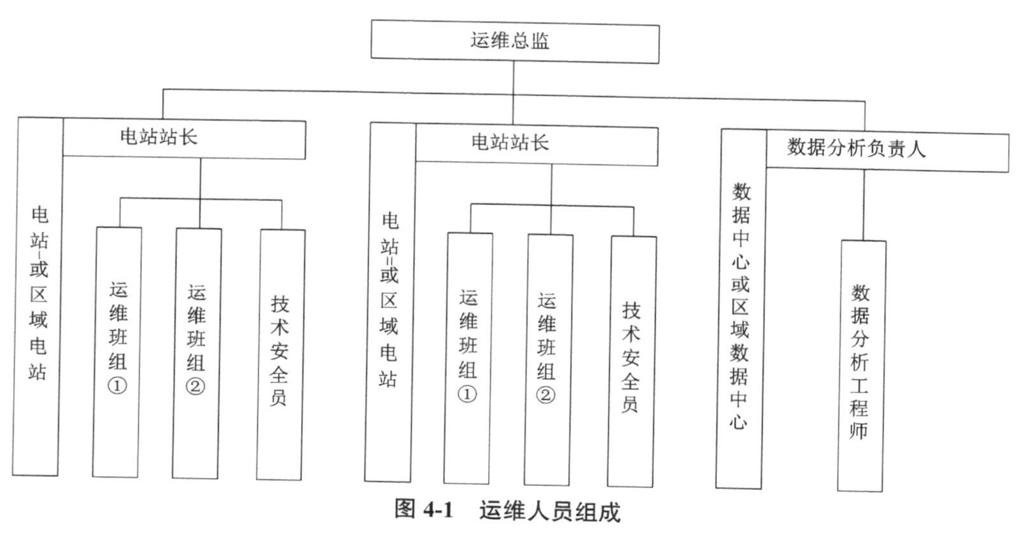

图 4-1 运维人员组成

光伏扶贫电站的运维人员一般可以分为站长、值班长（主值班员）、值班员、技术员和数据分析师，根据电站大小和电站类型可调整人员配置和数量，各岗位职责见表 4-1。

表4-1 光伏扶贫电站运维人员岗位职责表

岗位	职责	任职技能
站长	1. 贯彻执行国家有关生产方针、政策、法规和公司有关规定，对电站的安全稳定运行和直接经营成果负总责； 2. 负责落实所辖电站的经营计划，并参与计划评审，对计划产生的相关费用以及计划的必要性、及时性、准确性和结果有效性负责； 3. 负责电站运行人员的管理工作，负责运维人员的月度、年度考核工作； 4. 担任设备治理、消缺工作的第一负责人； 5. 负责电站运行数据的核实、审批、归档工作； 6. 负责对上级领导汇报	1. 电力系统、电力系统及自动化、计算机等相关专业本科及以上学历，有高压电工证、特种作业许可证优先； 2.5年以上电力运行、检修或管理经验，其中至少有2年以上值班长或1年以上站长工作经验； 3. 熟知电站运行安全规程相关事宜，具有较强的人员管理能力； 4. 熟悉发电设备专业技术、光伏电站及电气系统工作原理，掌握光伏电站运行规程，能判断和鉴定常见电气设备故障和缺陷； 5. 较好的文字功底，思维清晰等
值班长	1. 电站设备运行参数的监视和统计管理； 2. 电站设备的巡视和检查管理； 3. 当日电站运行数据管理； 4. 安排设备的定期维护工作； 5. 负责做好下属人员的工作分配，运维人员值班纪律管理，本职人员的考核、激励、评价工作； 6. 负责上级交办的其他工作	1. 大专及以上学历，光伏发电技术、电气工程等专业毕业； 2.3年以上光伏电站或厂区配电站相关运行岗位工作经验； 3. 身体状况良好，熟悉电力生产安全知识； 4. 有电工证优先
值班员	1. 建立健全完整的技术档案资料，并建立电站运行档案； 2. 定期对电站进行巡检，并做好相应的记录； 3. 定期对设备进行除尘，保持设备清洁，保持光伏组件采光面的清洁； 4. 定期巡检电气线路和设备，及时发现缺陷，及时进行整改处理等	1. 优秀中职毕业生或大专及以上学历，电力、电气工程等专业毕业； 2.1年以上电气运行等相关工作经历，具有光伏电站运维工作经验； 3. 有电工证或相关资格证书； 4. 具有独立分析问题和解决问题的能力，较强的自我学习能力
技术安全员	1. 落实安全措施，排除电站安全隐患； 2. 负责电站生产过程的交接班、巡回检查、倒闸操作、事故处理、设备维修、设备运行状态监督和调整等各项技术指导工作； 3. 负责电站生产过程中与电网调度联系、协调工作； 4. 在值班期间监督值班员认真填写各种记录，按时记录各种数据，受理操作票，并协调办理工作许可手续； 5. 监督电站的文明生产工作	1. 电力系统、供电专业或相关专业大专及以上学历； 2. 熟悉电力系统发电设备的原理、运行、维修； 3. 熟悉电力生产工作流程，熟悉电力生产规则制度； 4. 有电工证、调度证； 5. 具有独立分析问题和解决问题的能力，较强的自我学习能力
数据分析师	1. 负责光伏电站运行数据整理与分析； 2. 负责电站设备故障判断、消缺工作的技术支持； 3. 负责光伏电站生产运营分析报告编制	1. 电力工程、计算机等大专及以上学历； 2. 熟悉组件、汇流箱、逆变器等光伏电站主要设备的运行原理、功能，对设备缺陷问题具有良好的联动分析能力； 3. 熟悉光伏发电系统原理，对数据敏感，对监控数据具有较强的挖掘与分析能力

3. 运维企业及人员要求

（1）光伏扶贫电站集中运维企业宜具有针对光伏电站运行、管理、维护的ISO体系认证及相应的承装（修、试）资质。

（2）运维人员应具备作业所对应的资质和技能，如高压入网证、调度证、高低压电工证、登高作业证等。

4. 运行维护的管理

（1）（信息）集中运维单位应保证运维范围内资产信息及生产运营数据的准确性、及时性、完整性。

（2）集中运维主站应保障 7 × 12 h 有人值守。

（3）集中运维单位应定期针对各光伏扶贫电站形成运维工作相关的报告报表，如日报、月报、年报等。

（4）为安全规范执行涉网操作，集中运维单位宜与当地电网公司建立信息通信机制。

（5）集中运维单位应保障整个运维过程中运营信息安全，并建立相应的保障机制。

（6）集中运维单位应建立信息资料管理制度、运营管理制度、物资管理制度、人员管理制度、安全质量管理制度等。

（7）集中运维单位应根据设备特性及电网要求，制定分布式光伏发电系统的运行规程（含站端和远程）、检修维修规程、巡检维护规程、试验规程、两票制度、故障应急情况处置方法等相关技术资料。

5. 集中监控的管理

1）远程运维人员每日至少两次对系统进行全面检查。检查内容包括：检查监控系统基础设施、应用程序、数据采集及传输是否正常；检查运维系统遥信、遥测数据是否刷新；检查各子系统运行工况；检查各区域有无事故信号；追踪核对未复归监控信号及其他异常信号；检查检修维修工作及计划性工作的处置进度；检查缺陷及异常事故的处置进度，并阶段性对系统进行发电性能评估、异常数据分析、潜在风险预防等工作。

（2）光伏扶贫电站集中监控应包含模拟量监测、状态量监视、生产运营数据监控、告警分析、检查维修工作安排和计划性工作安排等工作，跟踪闭环并记录相关有效信息，保存在集中运维系统并支持记录导出。

（3）根据调令的要求，对运行设备进行状态检查、开关分合闸等操作。

（4）当光伏扶贫电站有异常发生时，远程运维人员应迅速、准确处理，应对异常信号、时间等重要相关信息做出初步分析，通知现场运维人员检查处理。遇到下列情况，应对电站设备加强监视，做好各项应急准备工作：

①新设备投运后；

②设备存在异常情况但还可持续运行时；

③设备存在异常情况，已安排运维人员去现场处理；

④设备故障修复完成或最近更换过零部件；

⑤遇特殊恶劣气候时（高温、大风前后、雷雨后、冰雹、大雪）。

6. 物资管理

（1）光伏扶贫电站物资应按备品备件、安全工器具、普通工器具 辅助生产物资进行分类和统一编码，建立物资台账，并通过集中运维系统进行管理。

（2）光伏扶贫电站物资应制订采购计划，其中安全工器具的采购要求必须符合国家和行业的标准。

（3）光伏扶贫电站物资宜集中采购，并通过集中运维系统进行统一编码、入库、调拨。

（4）光伏扶贫电站物资应安排运维人员根据集中运维系统提供的库存信息进行定期盘点，记录库存信息，物资使用无法满足需求时应启动报废流程，并通过集中运维系统进行统一库存管理。

（5）光伏扶贫电站物资应按照实际使用的需求进行领用、退库、替换件报废，并将记录及时报送远程运维人员，通过集中运维系统进行管理。

（6）安全工器具应按照国家和行业的标准定期校验。

7. 安全质量管理

（1）应结合国家和行业的安全标准以及相关方的安全管理要求，建立电站运维的安全规章制度，如安全生产责任制、安全风险管理及隐患排查治理、特种作业人员管理、检维修安全管理、危险作业安全管理、应急管理、事故管理等。

（2）应在接手运维后组织电站运维工作的安全风险辨识，评估运维活动中的重大风险及工作环境的安全状况，并制定有效控制措施，如登高爬梯、检修通道、消防系统、防雷系统等方面。

（3）应对光伏扶贫电站特有的高风险作业，如登高巡检、组件清洗、除雪等作业制定专项方案，采取适当的管理办法和技术措施来规范人员行为、改进配套硬件设施、设置安全警示标识，从而保障运维安全。

（4）应采用多种形式开展现场的安全隐患排查工作，建立隐患台账，实行隐患闭环管理，对发现的隐患应及时通报，使相关方获知安全隐患产生的影响。

（5）光伏扶贫电站缺陷通常分为以下三类。

①危急缺陷：直接威胁系统安全运行并需立即处理，可能造成重大电网冲击、人员伤亡、火灾等事故的缺陷。

②严重缺陷：对设备有严重威胁，对光伏系统发电能力有较大影响，可能造成重大设备损害的缺陷。

③一般缺陷：除危急、严重缺陷以外的缺陷，通常指性质一般，危害程度较轻，对系统安全运行影响不大的缺陷。

（6）缺陷发现应遵循以下规定：

①远程运维人员发现异常监控信息，应及时进行故障初步诊断，并通知运维人员进行现场检查确认；

②运维人员在定期巡检时按要求对设备认真排查，及时发现设备缺陷；

③在检修、试验中发现的缺陷应及时通知运维人员处理。

（7）缺陷处理应遵循以下规定：

①运维人员应依据有关标准、规程等要求，开展检修、维修、试验和设备缺陷的消缺工作；

②缺陷的处理时限，危急缺陷8小时内响应，处理不超过24小时，严重缺陷和一般缺陷应分析判断缺陷原因，进行处置方案编制和执行；

③缺陷处理环节主要包括记录、报告、消缺、确认、归档；

④危急、严重缺陷,应采取应急处理措施,并将缺陷情况及时报告业主及相关方;

⑤危及电网安全的缺陷,须及时报告当地电网企业及相关方。

8. 计划及指标管理

(1)光伏扶贫电站应制定年度安全运维工作计划,并分解至每个月度。光伏扶贫电站运维工作计划应当包括但不限于以下内容。

①设备巡检计划:应当包含光伏扶贫电站的主要设备和部件,并列明检查的项目和巡检周期。

②设备维护和保养计划:应当包含光伏扶贫电站需要维保的设备和部件,并列明维护的内容清单以及维护周期。

③物资管理计划:应当包含物资采购预算、物资盘点、工器具的校验保养等事项,并列明计划工作的时间和内容。

④安全检查及事故演练计划:应当包含安全检查和事故演练的内容及时间。

⑤人员培训及学习计划:应当包含需要培训学习的内容、周期及考核要求。

(2)光伏扶贫电站集中运维工作指标应包括但不限于生产性能指标、故障处理指标、缺陷消除指标、物资管理指标、场站能耗指标、计划达成指标、安全生产指标、人员考核指标、运营成本指标等。

(3)光伏扶贫电站集中运维的工作计划和考核指标,应及时归档,并保证其具有可追溯性。

9. 人员管理

(1)集中运维单位应根据人员管理制度要求,建立岗位职责说明,对参与电站运维的人员进行有效分类。

(2)集中运维单位应建立详细的运维人员档案,包含基本信息、技能、资质、适应岗位和培训记录等信息。

(3)集中运维单位应定期对参与电站运维的人员进行分类岗位培训,包括但不限于系统知识、基本技能、安全操作、工具使用和软件使用等内容,并制定针对性的培训计划和考核办法,组织进行考核,形成记录并归档。

(4)集中运维单位应定期组织相关运维人员开展安全规程、操作规程及反事故措施等安全培训,组织进行考核,形成记录并归档。

(5)光伏扶贫电站的运维安全关键岗位人员应参加地方电力系统和地方安全监管系统的培训、考核,并获取资质证书,取证之后才能开展工作。

(6)集中运维单位应开展事故案例警示教育活动,认真吸取事故教训,落实防范和整改措施,防止类似事故再次发生。

10. 其他

集中运维单位可以依托集中运维系统具备的功能进行其他的分析和服务。

(1)运行监控类:故障预判、功率预测、系统效率分析评估、设备健康管理、设备寿命管理等。

(2)运行管理类:组件清洗评估、设备巡检优化管理、技术改造建议、运行检修决策支持、库存优化管理、定制化数据分析报告、同业对标分析等。

(3)投资分析类:投资回报率分析、度电成本分析、投资建设建议等。

(4)系统功能类:协助客户建立运营展示中心、定制化展示界面、移动端展示界面等。

4.2　设备的运行与维护

由于光伏集中扶贫电站中的光伏组件、方阵与支架、逆变器的运行与维护和户用光伏电一致,本节不再重复叙述。本节重点介绍光伏扶贫电站的升压变压器、专变并网配电箱和专线并网配电箱、交直流电缆、数据采集与监控装置的运行与维护。

4.2.1　变压器的运行与维护

1. 变压器的维护

1)变压器维护注意事项

(1)变压器的运行和检修规程应符合《电力变压器运行规程》(DL/T 572—2010)、《电力变压器检修导则》(DL/T 573—2010)的有关规定。

(2)变压器的运行和检修应严格按照安全规程、质量规程、安全措施等有关规定执行。

(3)检修现场要保证和带电设备有足够的绝缘距离,还应做好防止触电的技术措施等。

2)变压器的定期维护

变压器的维护内容、维护方法、异常表现及处理措施详见表 4-2。

表 4-2　油式变压器的维护

<table>
<tr><th>维护内容</th><th>维护方法</th><th>维护周期</th><th>异常表现</th><th>处理措施</th></tr>
<tr><td rowspan="3">变压器储油柜</td><td rowspan="3">感官及仪器测量</td><td rowspan="3">1 次 / 月</td><td>变压器上侧油温或温升超过允许值</td><td>查看三相负荷是否平衡,是否过负荷运行;根据当时负荷、周围温度,核对油温是否超标;在正常负载和冷却条件下,变压器温度超标且不断上升,应立即停运</td></tr>
<tr><td>漏油</td><td>油面缓慢下降,通知检修人员处理漏点并加油;若因大量漏油而使油位迅速下降,必须迅速采取止漏措施,或及时停电处理;若因漏油已造成油量低于液位计下限,应立即停运检修</td></tr>
<tr><td>呼吸器堵塞,硅胶变色</td><td>联系维护人员开票处理</td></tr>
<tr><td>变压器声响</td><td>感官</td><td>1 次 / 月</td><td>声响不正常明显增大,内部有爆破声</td><td>立即停运,联系专业人员进行修复</td></tr>
<tr><td>引线接头、电缆、母线温度</td><td>仪器测量</td><td>1 次 / 月</td><td>异常发热</td><td>做好情况跟踪,分析发热原因,必要时停电重新接线或更换</td></tr>
<tr><td>各控制箱和二次端子箱、机构箱</td><td>感官</td><td>1 次 / 月</td><td>受潮,加热器、温控装置工作异常</td><td>检查密闭机构加热器等装置状况,进行修理或更换</td></tr>
</table>

续表

维护内容	维护方法	维护周期	异常表现	处理措施
管套油位和油色	感官	1次/月	管套渗漏油	做好记录，密切关注，渗漏严重及时停电处理
			套管有严重破坏和放电现象	立即停运，联系专业人员进行修复
散热器	感官	1次/月	严重脏污	停电清扫
有载调压装置动作	感官	1次/月	机构卡涩或直阻不正常	检查处理
各种保护装置	目测、仪器检测	结合变压器检修时	保护装置校验及保护传动异常	检查保护接线及定值设置情况
绝缘电阻	仪器测量	在线监测或投运前	绝缘电阻不符合规范要求	运行中发现绝缘不合格，及时停运处理；投运前测试不合格，进行回路检查，恢复绝缘

2. 变压器的案例

变压器安装形式如图4-2所示。

图4-2 变压器安装形式

4.2.2 交直流电缆的运行与维护

1. 交直流电缆的定期维护

交直流电缆的维护内容、维护方法、异常表现及处理措施详见表4-3。

表4-3 交直流电缆的维护

维护内容	维护方法	维护周期	异常表现	处理措施
电缆进出设备部位	目测	1次/半年	存在直径大于10 mm的孔洞	用防火堵泥封堵
电缆固定支撑点	操作检验	1次/半年	电缆支撑点不完好	固定或调整支撑点
电缆井检查	目测	1次/半年	电缆井内有异物或积水	积极清除堆积物

续表

维护内容	维护方法	维护周期	异常表现	处理措施
室内电缆沟检查	目测	1 次 / 年	电缆外皮损坏	保护或更换
直埋电缆沿线检查	目测	1 次 / 年	路径附近地面出现挖掘、堆放重物、有腐蚀性物质排放	及时修补和清理
室外电缆沟检查	目测	1 次 / 年	电缆沟或电缆井盖板损坏；沟道有积水或杂物；沟内支架不牢固，有锈蚀、松动现象	更换盖板，外皮破损电缆进行修补并加以保护，严重锈蚀电缆进行更换
电缆连接器	操作检查	1 次 / 半年	电缆连接器出线接触不良，有浸水、变形、发热现象	更换
电缆接头	操作检查	1 次 / 半年	电缆连接头直接放在金属屋面上	重新绑扎
电缆接头温度	仪器测量	1 次 / 半年	局部温差超过 15 ℃或 10 ℃	断电检修，对电缆头进行紧固或更换

2. 交直流电缆的缺陷案例

交直流电缆缺陷如图 4-3 所示。

防护不当，电缆易损伤

防护不当，电缆易损伤

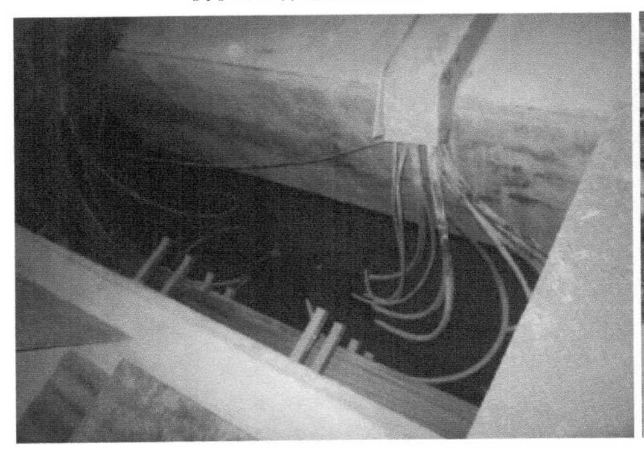
布线杂乱

坑道积水

图 4-3　交直流电缆缺陷

4.2.3 数据采集与监控装置的运行与维护

1. 数据采集与监控装置的定期运维

数据采集与监控装置的维护内容、维护方法、异常表现及处理措施详见表 4-4。

表 4-4 数据采集与监控装置的维护

维护内容	维护方法	维护周期	异常表现	处理措施
采集设备	目测及仪器测量	1 次 / 半年	监控主机异常导致监控数据无法上传	检查主机是否正常工作;检查传感器是否正常工作
网络及传输设备	目测及仪器测量	1 次 / 半年	传输中断或传输变慢	检查传输线路和传输接口;检查传输配置是否正确;检查传输设备是否正常工作等
监控服务器	目测与软件测试	1 次 / 半年	服务器运行速度变慢或 CPU 与内存使用率异常	用杀毒软件进行病毒查杀、清理磁盘等
监控终端主机	目测与软件测试	1 次 / 半年	监控终端主机运行速度变慢或者 CPU 与内存使用率异常	用杀毒软件进行病毒查杀、清理磁盘等
风速仪	目测与软件测试	1 次 / 半年	监控页面显示风速数据异常,风速传感器异常或不转动等	与手持设备进行数据对比,维修或更换
温度湿度计	目测与软件测试	1 次 / 半年	监控页面显示数据异常	与手持设备进行数据对比,维修或更换
太阳辐照度	目测与软件测试	1 次 / 半年	监控页面显示数据异常	与手持设备进行数据对比,维修或更换
逆变器电量	数据对比	1 次 / 半年	逆变器显示电量与电表数据差异较大	维修或更换
监控电量	数据对比	1 次 / 半年	监控数据与电表数据差异较大	对监控设备进行校准或更换

2. 数据采集与监控装置的案例

光伏扶贫电站运维监控平台如图 4-4 所示。

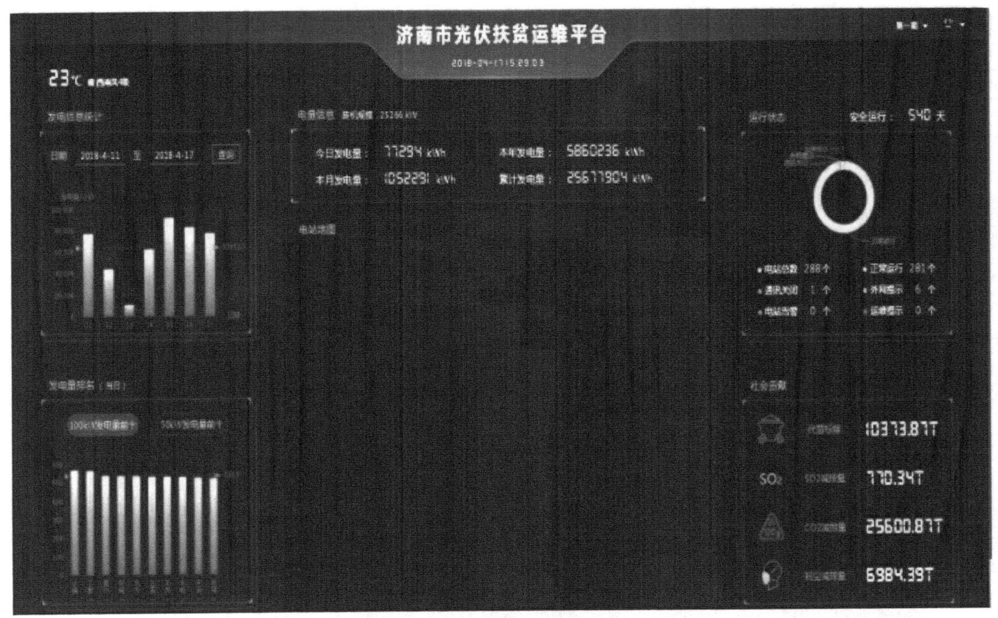

图 4-4　光伏扶贫电站运维监控平台

4.2.4　专变 / 线光伏并网配电箱的定期维护

1. 专变 / 线光伏并网配电箱的维护

1）专变 / 线光伏并网配电箱维护注意事项

（1）在维护检修时，必须断开隔离开关和并网专用断路器，严禁带电作业。

（2）在维护过程中，应穿戴防护手套、绝缘鞋等。

2）专变 / 线光伏并网配电箱的定期维护

专变 / 线光伏并网配电箱的维护内容、维护方法、周期及处理措施详见表 4-5。

表 4-5　专变 / 线光伏并网配电箱的维护

维护内容	维护方法	维护周期	异常表现	处理措施
外观检查	目测	1 次 / 半年	箱体变形、锈蚀、漏水、积灰等	重新喷漆、清理灰尘、更换密封件等
			安全警示标识破损、卷边或脱落	更换
运行状态检查	目测及操作检验	1 次 / 半年	带电指示、位置指示异常	停电检修
			元器件温度异常	紧固接头或更换元器件
并网专用断路器检查	操作检验	1 次 / 半年	电缆接头松动	紧固接头
			无法正常合闸	更换
防雷器检查	目测	雷雨季	装置失效	更换

2. 专变 / 线光伏并网配电箱的案例

专变 / 线光伏并网配电箱如图 4-5 所示。

图 4-5 专变 / 线光伏并网配电箱

4.2.5 光伏扶贫电站巡检表

光伏扶贫电站巡检表详见表 4-6。

表 4-6　光伏扶贫电站巡检记录表

项目名称			
项目地址			
装机规模			
并网电压			
序号	巡检项目	巡检标准	巡检记录
第一部分:光伏组件及方阵与支架巡检			
1	光伏组件	组件是否松动	
2		是否有破损或明显变形	
3		组件有无灰尘及遮挡	
4	固定支架	支架是否牢固、可靠,螺丝是否松动	
5		支架固定处屋面防水处理是否存在老化	
6	防腐检查	防腐漆是否脱落	
第二部分:线路巡检			
1	直流侧电缆	电缆连接是否松动	
2		电缆是否老化、破皮	
3	交流侧电缆	电缆连接是否松动	
4		电缆是否老化、破皮	
第三部分:逆变器巡检			
1	外观检查	外观无划痕,柜体无明显变形	
2	安装检查	安装牢固、可靠	
3	电气连接检查	连接牢固、无松动	
4	开关分合检查	开关分合灵活可靠	
5	接地检查	接地可靠、无断开	
6	人机界面检查	主要参数显示清晰明确	
7		按键操作正常	
第四部分:专变/线并网计量箱检查			
1	外观检查	外观无破损、箱体无明显变形	
2	向内检查	箱内无碎屑或遗留物	
3	内部元器件检查	元器件无松动、脱落	
4	开关分合检查	开关分合灵活可靠	
第五部分:变压器检查			
1	外观检查	外观无破损、无明显变形等	
2	声音检查	存在异常响声等	
3	其他检查	无明显漏油等	

续表

第六部分：并网检查			
序号	巡检项目	巡检标准	巡检记录
1	逆变器并网检查	直流输入路数	
2		直流电压	
3		交流电压	
4		瞬时功率	
5		交流频率	
6		逆变器保护动作	
7	孤岛保护检查	电网侧电源失电后能够快速可靠断开	
8	通信检查	数据传输是否正常，监控数据显示是否正常	
9	总发电量	记录并网值巡检日总发电量	
巡检结论：			
巡检人：		日期：	年 月 日

4.3 分布式光伏电站运维评价指标

4.3.1 生产类指标

1. 生产计划

1）计划发电量

年度或月度制度的电站计划发电量，单位为 kW · h。计划发电量应结合电站历史发电数据、辐射数据和组件衰减率进行合理制定。

2）发电单元计划停机小时数

年度计划检修和例行维护的停机小时数，为所有发电单元计划停机小时数之和，单位为 h。

3）计划运维费用

年度制定的计划运维费用，包括维修发电设备及站内生活设施的材料费、修理费、工资、福利费、检修费等，单位为万元。

2. 生产运行

1）发电量

发电量是指在统计周期内光伏电站并网计量点的交流发电量，符号为 E_p，单位为 kW·h。

2）理论直流发电量

理论直流发电量是指在统计周期内入射到光伏方阵中的太阳辐射按电池组件峰瓦功率

转换的直流发电量，单位为 kW·h，即

$$E_{dc} = \frac{H_r}{G_{stc}} \times P_o$$

式中　H_r——光伏方阵倾斜面总辐射量，$kW \cdot h/m^2$；

G_{stc}——标准辐射强度，1 000 W/m^2；

P_o——电站装机容量（峰瓦功率），kWp。

3）等效利用小时数

等效利用小时数是指在统计周期内，电站发电量折算到该站全部装机满负荷运行条件的发电小时数，也称作等效满负荷发电小时数，单位为 kW·h/kWp，即

$$Y_p = \frac{E_p}{P_o}$$

式中　E_p——发电量，kW·h；

P_o——电站装机容量（峰瓦功率），kWp。

4）上网电量

上网电量是指在统计周期内电站向电网输送的全部电能，可从电站与电网的关口计量表处获取，符号为 E_{out}，单位为 kW·h。

5）上网等价发电时

上网等价发电时是指在统计周期内，电站上网电量折算到该电站全部装机满负荷运行条件下的发电小时数，单位为 kW·h/kW，即

$$Y_f = \frac{E_{out}}{P_o}$$

式中　E_{out}——上网电量，kW·h；

P_o——电站装机容量（峰瓦功率），kWp。

4.3.2　运营类指标

1. 发电计划完成率

发电计划完成率是指在统计周期内，光伏电站实际发电量占计划发电量的百分比，即

$$发电计划完成率 = \frac{实际发电量}{计划发电量} \times 100\%$$

2. 消缺率

消缺率是指在统计周期内，完成的消除缺陷数占总缺陷数的百分比，用于衡量一段时间内故障消缺的作业完成情况，即

$$消缺率 = \frac{消除缺陷数}{总缺陷数} \times 100\%$$

3. 单位千瓦运行维护费

单位千瓦运行维护费是指在统计周期内，光伏发电运行维护费与光伏电站装机容量之

比,用于反映单位容量运行维护费用的高低,单位为万元 /kW。

$$单位千瓦运行维护费 = \frac{M}{P_o}$$

式中 M——运行维护费,万元;

P_o——电站装机容量(峰瓦功率),kW。

4.3.3 性能类指标

1. 系统性能

1)最大出力

最大出力是指在统计周期内,光伏电站的最大输出功率,取电站并网侧有功功率最大值,符号为 P_{max},单位为 kW。

2)系统效率

系统效率是指在统计周期内,光伏电站光伏等效利用小时数与峰值日照小时数的比值,也可以表示为光伏电站发电量与基于光伏方阵额定功率的直流发电量的比值。

光伏电站系统受很多因素的影响,包括当地温度、污染情况、光伏组件安装倾角、方位角、系统年利用率、光伏方阵转换效率、周围障碍物遮光、逆变器损耗、线损等。

$$P_R = \frac{Y_f}{Y_r} \times 100\% = \left(\frac{E_p}{P_o} / \frac{H_r}{G_{stc}} \right) \times 100\%$$

式中 Y_f——光伏等效利用小时数,kW·h/kW;

Y_r——电站峰值日照小时数,h;

$$P_R = \frac{E_p}{E_{dc}} \times 100\% = E / \left(\frac{H_r}{G_{stc}} \times P_o \right) \times 100\%$$

式中 E_p——发电量,kW·h;

E_{dc}——直流发电量,kW·h;

2. 设备性能

1)逆变器平均转换效率

逆变器平均转换效率是指在统计周期内,逆变器将直流电量转换为交流电量的效率,即

$$\eta_{inv} = \frac{E_{ac}}{E_{dc}} \times 100\%$$

式中 E_{ac}——逆变器输出电量,kW·h;

E_{dc}——逆变器输入电量,kW·h。

2)光伏方阵平均转换效率

光伏方阵平均转换效率是指光伏方阵的能量转换效率,即光伏方阵输出到逆变器的能量(逆变器输入电量)与入射到光伏方阵上的能量(按光伏方阵有效面积计算的总太阳能辐射量)之比,即

$$\eta_a = \frac{E_{dc}}{A \times H_r} \times 100\%$$

式中　E_{dc}——逆变器输入电量，kW·h；

A——光伏方阵中所有组件的有效面积，m^2；

H_r——倾斜面总辐射量，kW·h/m^2

3）故障弃光率

故障弃光率是指在统计周期内，因光伏电站内配电设备和逆变单元本地设备故障停运产生的弃光电量占实际发电量、故障弃光电量和限电弃光电量之和的百分比，单位为 %。

4.3.4　资源类指标

1. 平均风速

平均风速是指在统计周期内，瞬时风速的平均值，通过光伏电站内的环境检测仪测量得到，符号为 V_{ws}，单位为 m/s。

2. 平均温度

平均温度是指在统计周期内，通过环境监测仪测量的光伏电站内的环境温度平均值，符号为 T_{am}，单位为℃。

3. 相对湿度

相对湿度是指在空气中绝对湿度与同温度下的饱和绝对湿度的比值，符号为 RH，单位为 %。

4. 水平面总辐射量

水平面总辐射量是指在统计周期内，照射到水平面的单位面积上的太阳辐射量，符号为 G_h，单位为 kW·h/ ㎡（或 MJ/m^2）。

5. 倾斜面总辐射量

倾斜面总辐射量是指在统计周期内，照射到某个倾斜面的单位面积上的太阳辐射量，符号为 H_r，单位为 kW·h/m^2（或 MJ/m^2）。

第5章 智能运维平台

【知识目标】

(1)了解运维平台的网络搭建。

(2)熟悉光伏电站的组成部分,并能清晰说明每个部件的作用。

(3)准确识别光伏电站的主要设备。

(4)熟知光伏发电系统的维护方法和故障检测方法。

(5)掌握光伏发电系统故障排除的技能。

(6)了解运维成本的概念和计算方式。

(7)掌握运维成本的分析方法。

【能力目标】

(1)初步具备能独立搭建运维平台的能力。

(2)学会分析和排除光伏运维平台的报警和故障。

(3)具备光伏发电系统的维护、保养、故障排除能力。

(4)学会运维成本分析的思维,具备运维成本分析的资料整理能力。

光伏电站运维贯穿于光伏电站全生命周期、生产全环节的监控和管理,真正实现可视、可信、可观、可控。光伏电站运维可采用光伏终端及专用APP辅助资产快速准确录入,记录光伏电站全部资产的设备型号、厂家信息、电气拓扑、GPS位置信息,对每一块组件、每一个节点都做到可管理、可跟踪、可回溯。光伏电站运维可实现对光伏电站生产全环节的监控,准确掌握逆变器、汇流箱、箱式变压器、升压变压器等的多维生产状态信息,可对每兆瓦子阵实时监测数据。光伏电站运维采用大数据分析技术,对监控数据进行汇总分析,给出有针对性的优化建议,实现精细化运维、预防性运维。光伏电站运维结合无线技术,将光伏运维系统与光伏智能清洁机器人实现物联,使用云端智能规划平台,远程操作监控管理,可视化所有状态,实现智能管控、自动化清洁,更加高效便捷,大幅降低运维成本及清洁难度。总之,光伏运维系统能够大大减轻运行维护人员的工作强度,大大提高光伏电站的运行效率。

5.1 平台网络搭建

5.1.1 平台结构

平台采用三层高可用的结构,既可以完成终端层数据采集,也可以完成现地数据采集,并可以将数据发送到云平台。

1. 数据采集结构

数据采集结构由三层模型构成，即设备数据采集层、现地数据监控层和云服务数据层，如图 5-1 所示。

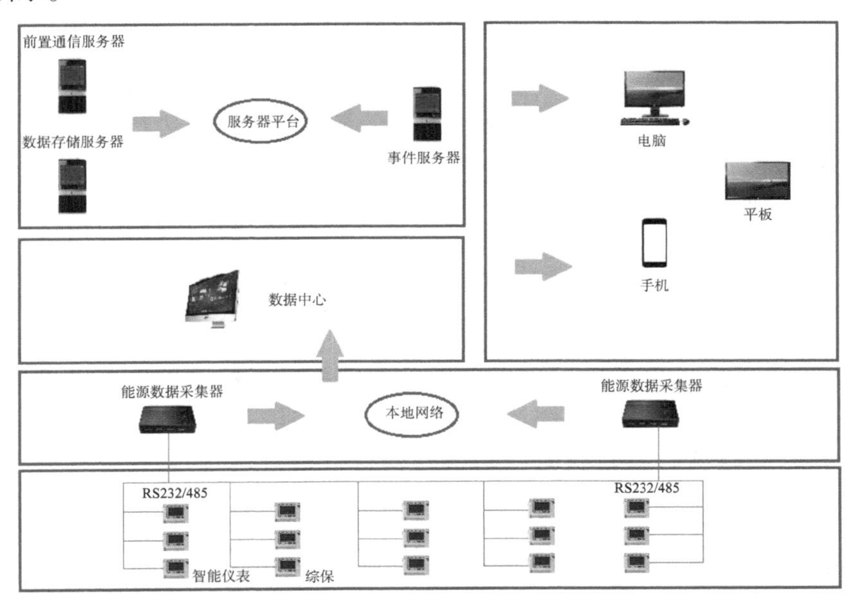

图 5-1　数据采集结构拓扑图

【试一试】读图 5-1，结合网络了解光伏电站运维系统数据采集的工作过程。

2.WEB 平台结构

WEB 平台结构由四层模型构成，即数据感知层、数据通信层、数据处理层和数据可视化层，如图 5-2 所示。

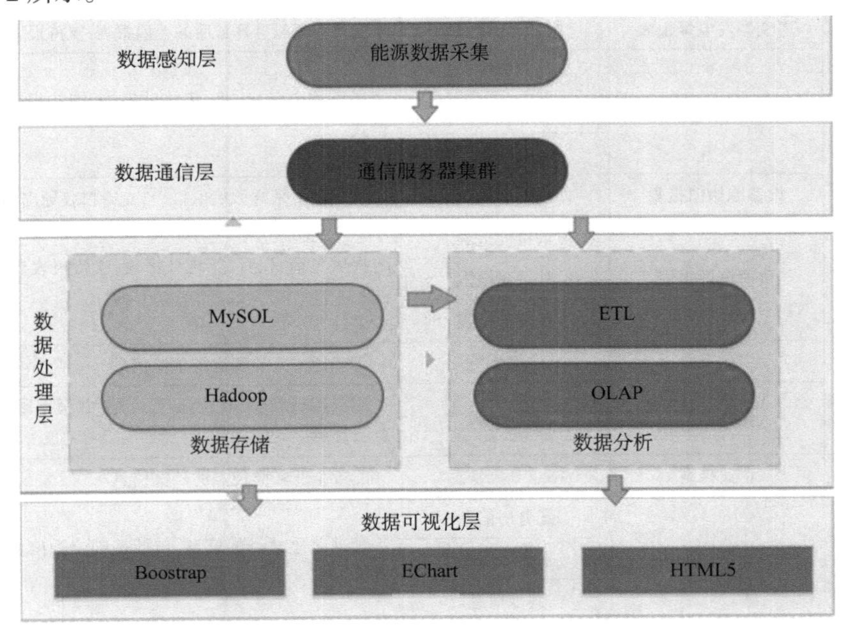

图 5-2　WEB 平台结构拓扑图

3. 系统功能结构

系统功能结构见表 5-1。

表 5-1　系统功能结构

类别	功能模块	功能子项	功能描述
在线监测	系统概览	地图中心	系统管理员可以观察当前系统内所有的站点,以地图的形式显示站点的位置信息
	用户中心	电量概况	显示当前用户电量和负荷的总体运行情况,统计当前累计电量、上月累计电量、负荷实时值和最大值
		负荷概况	
	一次接线图	电气图纸	加载用户站点电气图,电气图与现场设备实时关联,实时在电气图上反馈设备数据采集状态、设备运行状态、实时数据值和开关状态
	设备曲线	数据曲线	以曲线的形式显示设备站点的电流、电压、功率、谐波、功率因数、温度的采集值
	逆变器模块	逆变器实时数据	显示逆变器站点的日发电量、电压、功率、运行状态,点击展示详细的实时数据
	逆变器曲线	数据曲线	以曲线的形式显示设备站点的发电量、温度、功率参数、电压、电流、对地阻抗、对地电压的采集值
能效分析	报警分析		按时间段、站点和报警级别分析报警数据
	负荷分析	日负荷分析	根据日、月、年条件,分析指定时间内的负荷使用情况,并提供类比和同比分析
		月负荷分析	
		年负荷分析	
	设备用电量对比		以柱状图的方式比较设备站点下回路的用电量情况
	逆变器发电量对比		以曲线的方式比较逆变器站点下回路的发电量情况
统计报表	逆变器发电量报表	电量差值报表	提供发电量计算过后的差值报表,支持报表导出为 Excel
	设备用电量报表	日电量报表	提供用电量日、月、年统计报表,支持报表导出为 Excel 格式
		月电量报表	
		年电量报表	
	设备原始值报表	原始值报表	提供设备采样原始值报表,支持报表导出为 Excel 格式
	负荷统计报表	日负荷报表	提供负荷日、月、年统计报表,支持报表导出为 Excel 格式
		月负荷报表	
		年负荷报表	
运维管理	运维信息管理	巡检浏览	管理运维人员和运维单位信息
	设备巡检	巡检编辑	用户编辑和管理设备巡检计划,并根据用户设定的日期进行提醒
档案管理	企业档案	站点基础信息	配置企业和监控点的档案信息
	子站档案	配电房信息	管理监控站点的信息,包括基础位置信息、设备档案信息等
		采集器信息	
		其他信息	

续表

类别	功能模块	功能子项	功能描述
系统设置	用户管理		管理用户组别、权限及系统功能菜单的调整
	系统角色		
	系统菜单		

5.1.2　数据接入

系统平台的数据接入需要加装能源数据采集器（QT241N），能源数据采集器支持有线和无线两种连接方式。采用有线网络连接时，需要有固定的网络；采用无线方式（GPRS）连接时，需要提供移动或者联通的 SIM 卡，月流量不小于 300 MB（具体视数据点和数据传送频率而定）。

1. 设备与协议支持

设备与协议支持情况见表 5-2。

表 5-2　设备与协议支持情况

设备	厂家	型号	规约	支持情况
电表	科陆		ModbusRTU/DLT645	支持
	威盛		DLT645	支持
	中电		ModbusRTU/DLT645	支持
	安科瑞		ModbusRTU/DLT645	支持
	派诺		ModbusRTU/DLT645	支持
继保	许继		IEC-60870-103	支持
	南瑞		IEC-60870-104	支持
楼控	江森	DDC	BACnet	支持
	Honeywell	DDC	BACnet	支持
PLC	西门子	S7 200	PPI	支持
	西门子	S7 300 /400	ProfiNet	支持
	罗克韦尔	AB 5000	EtherNet	支持
	罗克韦尔	AB 5000	DF1	支持
	施耐德		Modbus	支持
	GE		SNPX	支持
	三菱		Fx2n	支持
水表	国家规约		CJT188	支持
气表 / 热表			ModbusRTU	支持
能耗上报	部颁规约		XML 能耗规约	支持

续表

设备	厂家	型号	规约	支持情况
电力信息采集	部颁规约		Q/GDW 376.1	可开发支持
GPRS 远传	地方规约		DB35 规约	支持
电力调度	IEC		IEC-60870-104 IEC-60870-101 CDT	支持
智能电网	IEC		IEC61850	可开发支持

2. 能源数据采集器

能源数据采集器是采集设备与系统平台交互的重要一环,其功能和稳定性决定了平台数据的完整性和正确性。武汉舜通提供的能源数据采集器(QT241N)具有如下特性。

1)硬件特性

(1)丰富的数据接口,至少支持 RS232/RS485、以太网口、CAN 等接口。

(2)支持 GPRS 无线数据传输功能。

(3)支持 USB 接口,方便与 U 盘、USB 设备进行连接,包括更新硬件驱动信息等。

(4)支持 SD 卡扩展采集器存储空间。

(5)支持一键重启功能。

(6)支持调试接口。

(7)电源范围:9~40 V。

(8)工作温度:-10 ~ 75 ℃。

(9)存储温度:-20 ~ 80 ℃。

(10)工作温度:10%RH ~ 90%RH 无凝霜。

(11)抗震性能:符合 IEC61131-2 标准。

(12)抗静电性能:2.5 kV,符合 EN61000-4-2、3 级标准。

(13)认证标准:EN55011 Class A、EN60000-6-2、CE、FCC。

2)软件特性

(1)内置组态软件,方便工程人员快速地与各种终端设备完成数据采集与通信。

(2)内置实时数据库,数据可以达到毫秒级刷新。

(3)内置 SQLite 数据库,支持数据本地存储。

(4)支持丰富的协议,至少包括 IEC101、103、104、Modbus、DL/T645 规约以及各类 PLC 设备的通信规约。

(5)支持采集器的远程管理,包括上载配置、下载配置等,方便运维人员远程操作。

(6)支持数据的加密、断点数据上传。

(7)支持对通信数据的实时监视功能。

3. 数据采集

为标准化采集层与系统层的数据对接,将采集层的数据采集点进行规则化的数据编码,有助于数据的衔接与平台数据的展示。根据现场设备的采集能力,我们标准化定义了采集的信息量,并为每个信息量分配了唯一的采集指标码,以此规范地与平台数据进行对接。此信息采集量可以根据用户现场的实际情况,继续增加和调整。数据采集指标码对应表见表 5-3。

表 5-3　数据采集指标码对应表

采集指标码	指标描述	采集指标码	指标描述
10001	A 相电流	10040	C 相谐波电压畸变率
10002	B 相电流	10041	三相电流不平衡度
10003	C 相电流	10042	三相电压不平衡度
10004	A 相电压	10043	频率偏差
10005	B 相电压	10044	环境温度
10006	C 相电压	10045	环境湿度
10007	A 相负荷	10046	A 相电压偏差
10008	B 相负荷	10047	B 相电压偏差
10009	C 相负荷	10048	C 相电压偏差
10010	A 相功率因数	10049	AB 线电压偏差
10011	B 相功率因数	10050	BC 线电压偏差
10012	C 相功率因数	10051	CA 线电压偏差
10013	A 相无功功率	10052	正相有功电量
10014	B 相无功功率	10053	正相无功电量
10015	C 相无功功率	10054	反相有功电量
10016	零序电流	10055	反相无功电量
10017	总有功功率	10056	总视在功率
10018	总功率因数	10057	A 相有功功率
10019	总无功功率	10058	B 相有功功率
10020	频率	10059	C 相有功功率
10021	AB 线电压	10060	A 相无功功率
10022	BC 线电压	10061	B 相无功功率
10023	CA 线电压	10062	C 相无功功率
10024	A 相电压相角	10063	A 相电缆温度
10025	B 相电压相角	10064	B 相电缆温度
10026	C 相电压相角	10065	C 相电缆温度
10027	A 相电流相角	10066	开关量 1
10028	B 相电流相角	10067	开关量 2
10029	C 相电流相角	10068	开关量 3
10030	负荷率	10069	开关量 4
10031	正相有功电度	10070	开关量 5

续表

采集指标码	指标描述	采集指标码	指标描述
10032	正相无功电度	10071	开关量 6
10033	反相有功电度	10072	开关量 7
10034	反相无功电度	10073	开关量 8
10035	A 相谐波电流畸变率	10074	开关量 9
10036	A 相谐波电压畸变率	10075	开关量 10
10037	B 相谐波电流畸变率	10076	开关量 11
10038	B 相谐波电压畸变率	10077	开关量 12
10039	C 相谐波电流畸变率	10078	开关量 13

4. 传输方式

能源数据采集器将设备的数据采集完成后，根据指定的协议，将数据上传到云平台。数据上传到云平台，可以按照有线传输和无线传输两种方案。武汉舜通生产的能源数据采集器 QT241N，同时支持有线网络和无线网络。

1）有线传输

采用有线传输时，将网络接入能源数据采集器的 RJ45 网口，为能源数据采集器分配固定的 IP 地址，并配置网关。网线到能源采集器的距离不应大于 85 m，如果有大于 85 m 的情况，应该在此区间增加交换机或者连接器设备。

2）无线传输

由武汉舜通提供的 QT241N 支持 GPRS 和 LAN 两种方式传输，如果现场不具备有线网络传输条件，可以使用 GPRS 方式传输。QT241N 同时支持移动和联通的 2G 网络。

3）网络流量

以回路为单位，每个回路测试点的数量为 50 个，上传频率按照 15 分钟上传一次，则大约需要流量为 300 MB。

1 回路 1 天 = 50 × (60 / 15) × 24 × 20 + 18 = 96.018 kB

1 回路 30 天 = 96 × 30 = 2.88 MB

50 回路 30 天 = 50 × 2.88 = 144 MB

4）网络信号

GPRS 无线信号的程度因地理位置、基站覆盖率和天气的因素会受到一些干扰。在使用 GPRS 信号传输时，应该加装有线天线，并尽可能将有线天线放置在空旷位置。

5. 传输规约

在数据上传中，使用武汉舜通定制规约 STV1.0 版本协议，该协议参考和引用了国家电力数据采集与平台建设方案。该协议分为四个部分：通信监测接口规范用于定义常用操作及心跳通信机制的命令格式，数据上报接口规范用于定义数据上报命令格式，平台数据输出服务接口规范用于定义从平台获取数据的输入输出结构，应用服务集成规范用于定义平台集成第三方功能或服务。功能码对应表见表 5-4。

表 5-4　功能码对应表

序号	功能码	功能
1	0x01	身份验证
2	0x02	心跳
3	0x03	拓扑结构上报
4	0x04	修改配置
5	0x05	重要事件上报
6	0x06	实时数据
7	0x07	断点续传
8	0x08	指定设备实时召测
9	0x09	下发控制
10	0x10	设备状态
11	0x11	消息转发
12	0x12	最值数据上报
13	0x13	工程文件上传
14	0x14	工程文件下载

【试一试】读表 5-4，从网络中寻找案例，识别其中功能码的功能。

6. 上传流程

数据上传流程如图 5-3 所示。

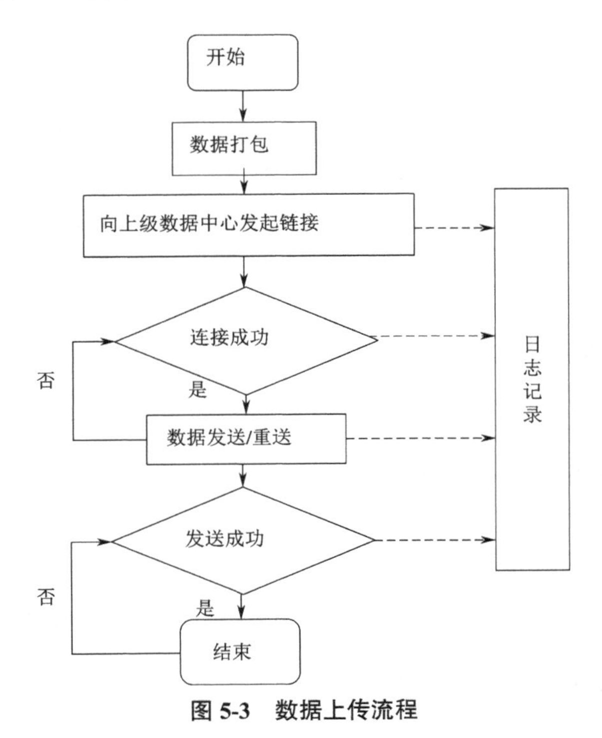

图 5-3　数据上传流程

5.1.3 服务器配置

1. 服务器搭建方式

云能效管理平台是一个集成化程度高、模块化功能强的平台。整个系统平台由前置通信服务器、数据存储服务器、WEB 服务器、APP 服务器四大服务器组成。这四大服务器功能既可以分布式部署,也可以集中到一台服务器。

根据用户系统容量设计,500 个站点的数据接入,先期可以将以上四大服务器接入一台服务器,随着用户数据的增加和系统访问用户的增加,再适时考虑分离四大服务器。

2. 服务器硬件选型

1)服务器配置

(1)CPU:E5-2640,2.4 GHz,2 个。

(2)内存:32 GB(16 GB × 2)。

(3)硬盘:SSD 固态硬盘或者 SAS 硬盘,初期备用存储容量为 10TB,RAID5/RAID10。

(4)网卡:千兆网卡(或万兆)。

(5)网络带宽:50 MB ~ 100 MB。

2)配置说明

(1)CPU 要求多核心、较高的主频,主要是因为主站和子站不仅要负责数据的采集与通信传输,还要承担每个站点内部的数据管理和配置需求,对于高速传输与计算的数据,需要有较高的 CPU 主频来保证数据的处理速度、多核心的 CPU 能够支撑高并发的数据请求。

(2)内存除去系统占用 2 GB,还要为 500 个站点的数据缓存和数据库预留一部分的缓存空间。

(3)硬盘是数据存储高速存储的瓶颈,所以如果配置为机械硬盘需要使用黑盘,10 KB 以上的转速,有条件的可以安排 SAS 硬盘、固态硬盘。

(4)按照秒级数据传输,1 000 MB 网卡的峰值速率是 60 MB/s 左右,500 个站点的数据峰值速率会达到 15 MB/s 左右。

5.2 光伏电站的控制

5.2.1 光伏电站监控系统平台介绍

1. 光伏运维系统登录和维护客户端概述

光伏电站监控系统可实现对电站设备的监控和管理,并为云中心层提供电站的基本数据。对计算机配置要求如下。

(1)操作系统:Windows7 或 Windows8。

(2)CPU:Pentium4,2.4 GHz 以上。

（3）内存：8 GB 及以上内存。

（4）硬盘：100 GB 以上。

（5）显示器：22″ LCD，1 680 × 1 050 × 60K 分辨率。

（6）浏览器：Chrome 38.0.21.25.0。

安装好系统且服务正常启动后，在浏览器地址栏中输入光伏电站监控系统的登录地址，如 https：//sevenstart.solarlogchina-web.cn，按下“Enter”键，进入光伏电站监控系统登录界面。输入用户名和对应的密码即可登录，如图 5-4 所示。

图 5.-4　光伏电站监控系统登录界面

2. 光伏运维系统模块组成

光伏运维系统模块组成如图 5-5 所示，其中能看到语言可以中英文切换，根据不同的语言习惯可以切换成不同的语言显示方式。

图 5-5　光伏运维系统模块组成

在光伏运维系统模块中还有用户管理，把鼠标移动到登录的用户名上，会显示我的电站、个人资料、访客访问账户和退出登录，主要就是对该登录用户的账户进行管理，如图 5-6 所示。

图 5-6　用户管理

光伏运维系统主要由页面管理与管理和配置两部分组成，如图 5-7 所示为页面管理模块,它可以作为电站的监控平台,主要就是各种数据模块的建立、采集和分析。

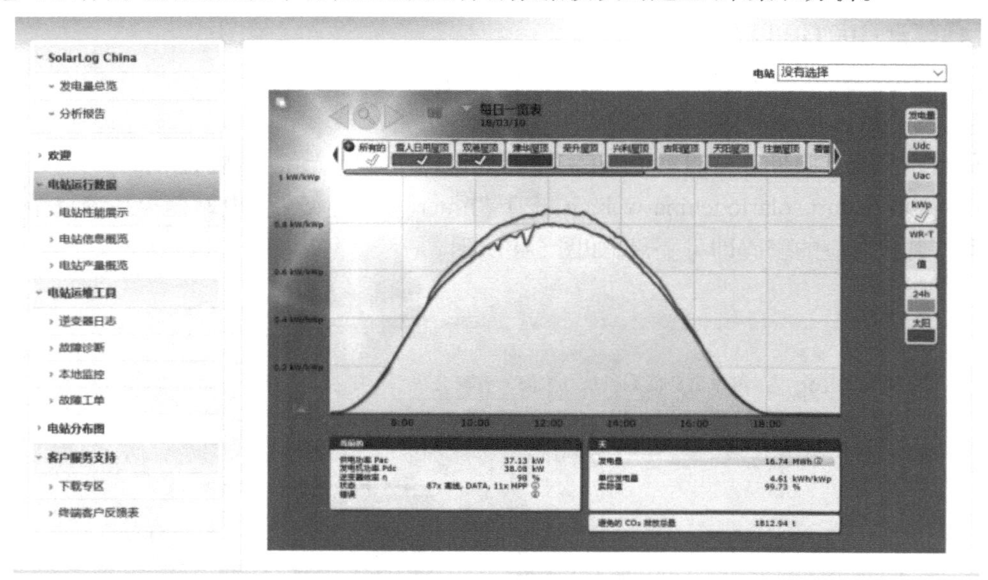

图 5-7 页面管理模块

在页面管理模块中,包含欢迎、电站运行数据、电站运维工具、电站分布图和客户服务支持五大部分。

如图 5-8 所示的管理和设置模块,主要作用是电站的远程配置和管理,不仅要做数据的采集和分析管理,还要对电站的基本运行进行远程的操控和配置。

管理和设置模块包含电站、用户、设置、文件、记录、显示、远程配置、工具、计费、统计、分析报告等 11 个部分。

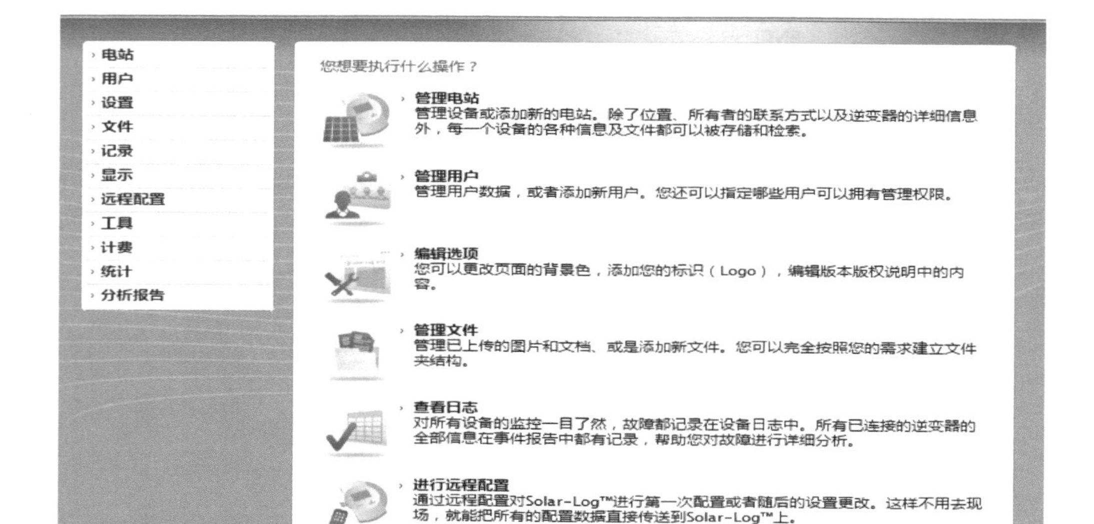

图 5-8 管理和设置模块

5.2.2　光伏电站监控系统功能介绍

光伏电站监控系统采用列表分级的方式，分层次地呈现电站的状态和数据。根据电站规划绘制各级分级后，在系统中进行展示。

1. 管理和设置

1 ）电站

点击“电站”模块，出现如图 5-9 所示的电站管理页面，电站管理页面包含未分组的电站和已经分组命名的电站。

图 5-9　电站管理页面

将鼠标移动到“未分组的电站”，列表右侧会出现“新的电站”字样，如图 5-10 所示。

图 5-10　点击未分组的电站

点击“新的电站”，会弹出如图 5-11 所示的创建新电站页面，需要在该页面选择电站的安装类型，安装类型分为手动安装和自动安装，自动安装会根据填写的逆变器、采集器进行自动检测安装，用时较长。一般采用手动安装，不需要系统自动检测，只需要系统根据用户填写的逆变器安装完成即可，用时较短。

安装类型选择完成后，需要填写电站名称，电站名称可以根据电站项目进行填写，便于后续的管理和维护。

最后需要填写序列号，每个序列号都是独有的，对应的逆变器、采集器也是独有的，不要填写错了，而且一个电站只能对应一个采集器，填写完成后，点击“保存”按钮，新电站就建立成功了。（图中的简易安装码可以忽略，选择自动或手动安装时，是不需要填写简易安装码的。）

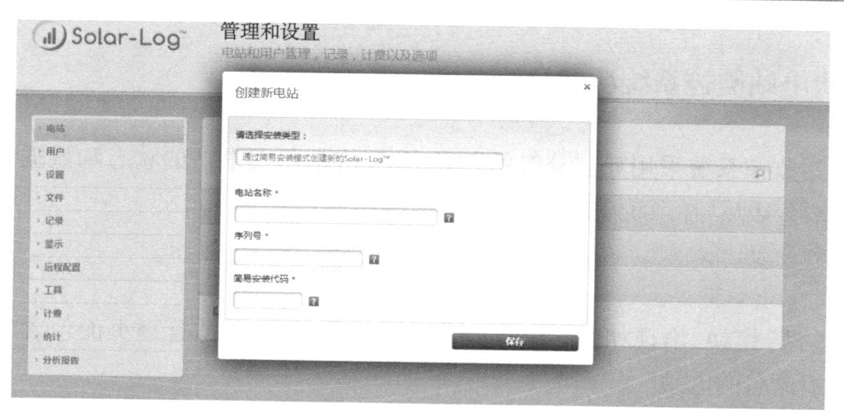

图 5-11 创建新电站页面

2)用户

管理用户页面如图 5-12 所示，跟电站管理一样，它也分为未分组的用户和已经分组并且命名好的用户。

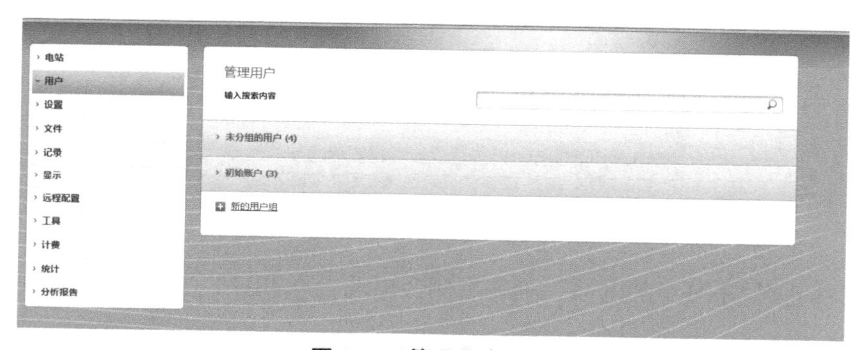

图 5-12 管理用户页面

点击添加新用户，弹出如图 5-13 所示的创建新用户页面。

(1)填写用户名称，用户名称可以根据项目定，也可以根据自己爱好定，主要符合格式要求即可。

(2)填写电子邮件，电子邮件填写必须准确无误，这样才能在后续的管理中把用户需要的资料发送到填写的电子邮箱中。

(3)填写密码，密码是登录账号的关键，可以选择简单易记的密码。

(4)用户启用，新建的用户需要启用才能算真正新建成功，这一步千万不能忘记。

(5)语言选择，根据自己的语言习惯选择适合自己的语言方式。

(6)状态选择，状态根据自己的用户新建用途选择，普通用户选择用户即可，管理员选择管理用户。

(7)用户组，根据自己的分组进行用户组的选择。

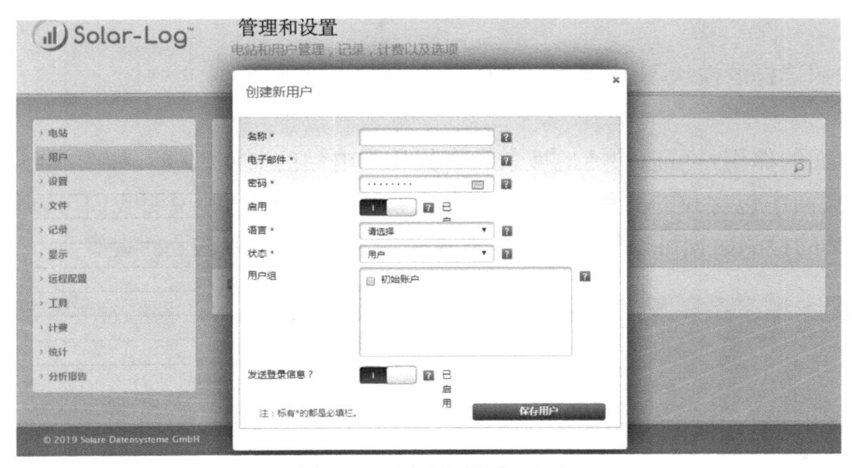

图 5-13　创建新用户页面

3)设置

设置页面如图 5-14 所示，其中包含有地址、布局选项、语言、系统默认值和软件包设置等 5 个功能。

图 5-14　设置页面

(1)地址：填写的就是电站建设的具体地址，以便现场管理。

(2)布局选项：对于电站的不同监测模块进行布局。

(3)语言：可以选择中英文的语言字体，根据用户习惯进行选择。

(4)系统默认值：让设置恢复系统默认值。

(5)软件包设置：对于电站监测的数据模块进行选择，例如图表模块、事件模块、控制面板模块等。

电站按照选择的模块不同，通过不同的方式来展示监测数据。

4）文件

文件页面的作用是可以快捷地搜索和查找相应电站的监测数据。如图 5-15 所示，可以看到，文件页面中包含我的图片、公共目录和默认图片三种类型，说明我们可以根据自己的需要，让电站的检测数据可以根据不同的方式来展示，例如图片、Excel 表等。

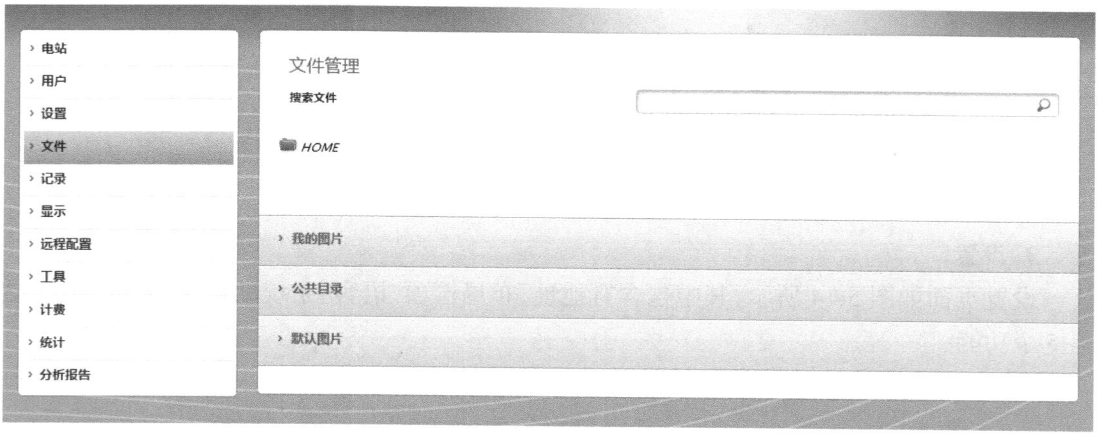

图 5-15 文件管理页面

5）记录

如图 5-16 所示，记录页面分为监控、发电量总览、日志、设备时间轴和事件日志等 5 个模块。

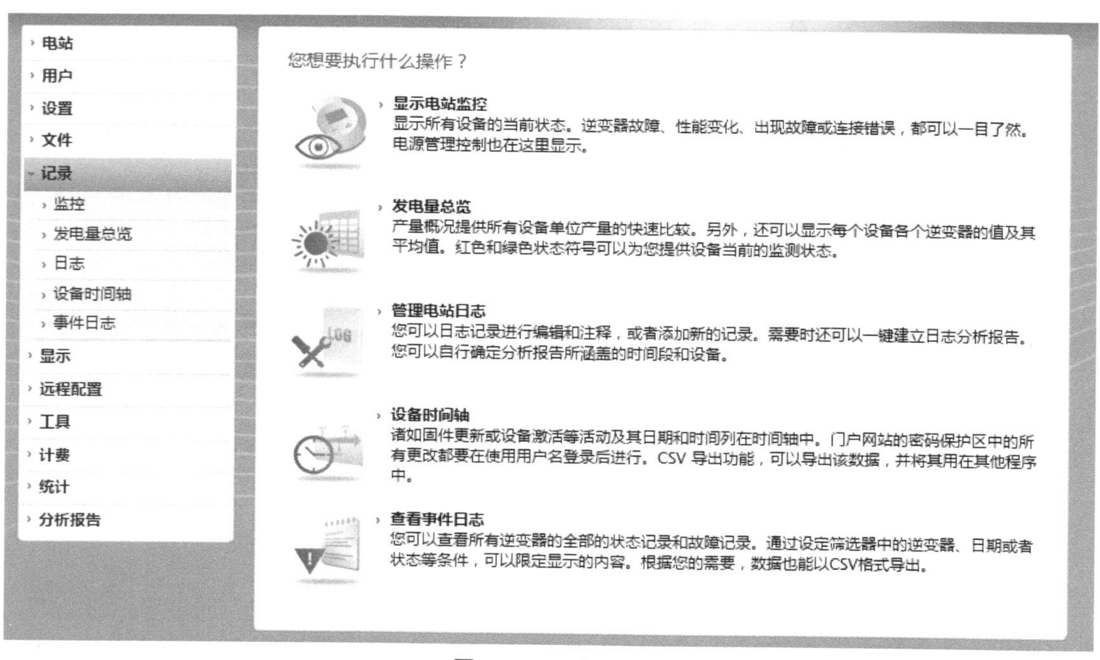

图 5-16 记录页面

Ⅰ. 监控

在电站监控模块（图 5-17）中，我们可以看到，这个模块是对电站故障的一个监控，整个模块就由两部分组成，即严重故障（图 5-18）和正常运行（图 5-19）。如图 5-17 所示，电站监控参数主要包含电站标签（电站名称）、序列号（采集器的序列号）、离线、状态、性能、区域、离网和 PM。其中，离线一栏显示的图表是红色的，说明该电站的采集器处于离线状态，不能判断电站是否进行正常工作。只有如图 5-19 所示，没有任何异常和报警次数的方为正常运行的电站。

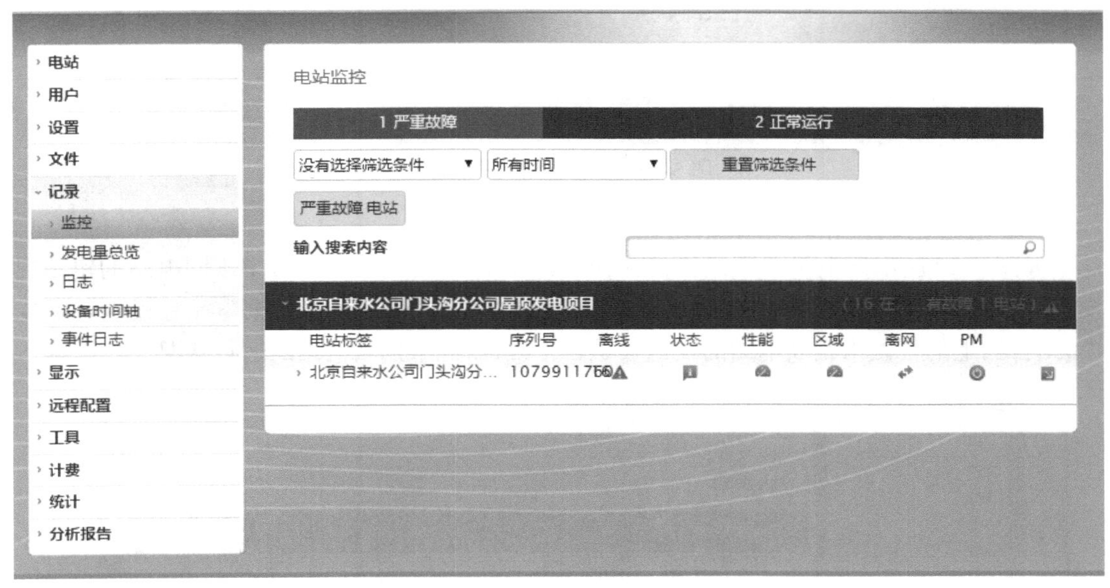

图 5-17　电站监控页面

电站监控

2 严重故障

没有选择筛选条件　所有时间　重置筛选条件

输入搜索内容

未分组的电站　（667 在……有故障 2 电站）

电站标签	序列号	离线	状态	性能	区域	离网	PM
上海西脉科司屋顶光伏电站	1079914230	3	642	21			
上海德国中心屋顶光伏电站	1885230879					1	

图 5-18　电站监控 - 严重故障

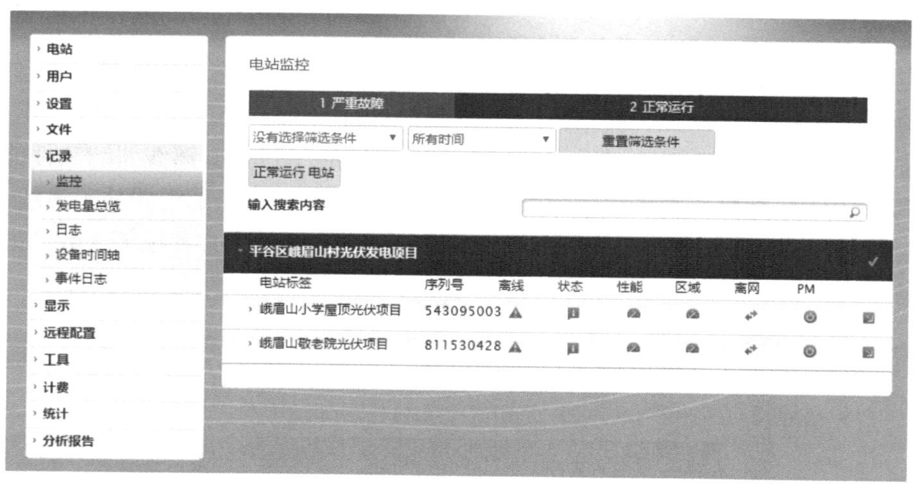

图 5-19 电站监控 - 正常运行

Ⅱ. 发电量总览

如图 5-20 所示发电量总览模块,我们可以很清晰地看到用户账号中不同电站的建站规模、不同时间段的发电概况和电站是否正常运行的情况。用户可以根据电站建设的实际规模,结合当地的气候来判断电站的发电量是否正常,以此来判断电站的运行状况。

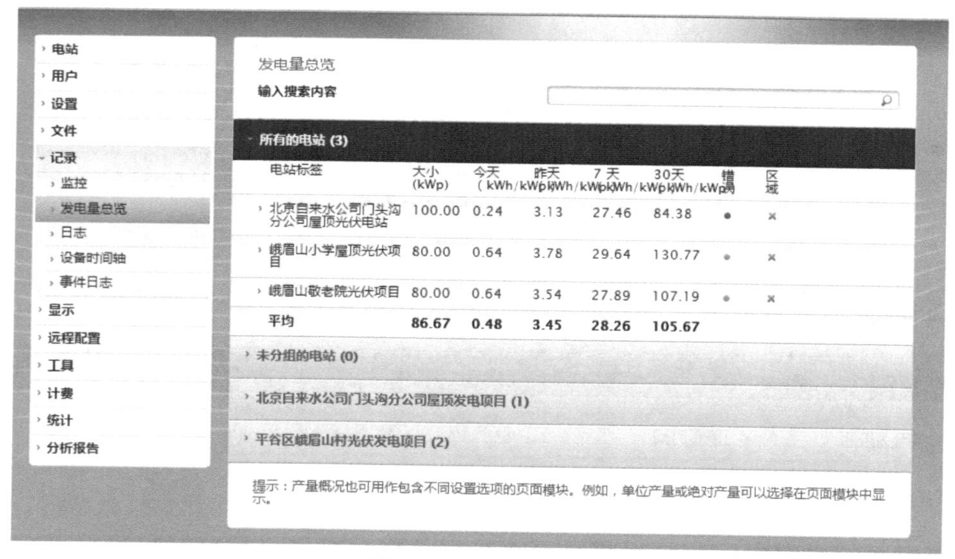

图 5-20 发电量总览

Ⅲ. 日志

日志在电站的管理中是不可缺少的,只有每天记录电站的实际运行情况,才能在电站出现问题时做出最准确的判断。

图 5-21 就是对日志进行分类管理的页面,其中分为新的日志、分配的日志、正在进行中的日志和完成的日志四类。新日志就是当天的电站日志。分配日志,这里要说明,一个电站的管理人员可能不止一个人,每个人的岗位分工是不一样的,所以就存在不同的岗位要写不

同的日志。正在进行中的日志表示的是当天或者是前几天尚未解决的问题,这类日志是分类的正在进行中的日志。完成的日志,顾名思义,就是已经完成或者解决了问题的日志。

电站
用户
设置
文件
记录
监控
发电量总览
日志
设备时间轴
事件日志
显示
远程配置
工具
计费
统计
分析报告
日志
负责的:
test001
显示已删除的记录
时间范围
直至
输入搜索内容
新 (0 / 0)
分配 (0 / 0)
正在进行中 (0 / 0)
完成 (7 / 7)
类别管理
创建报告

图 5-21　电站日志

点击完成的日志,可以看到每一篇日志里面都是有问题存在的,如图 5-22 所示,这就是日志存在的必要了,我们可以通过日志知道电站的问题,根据问题来分析电站实际的运行情况。

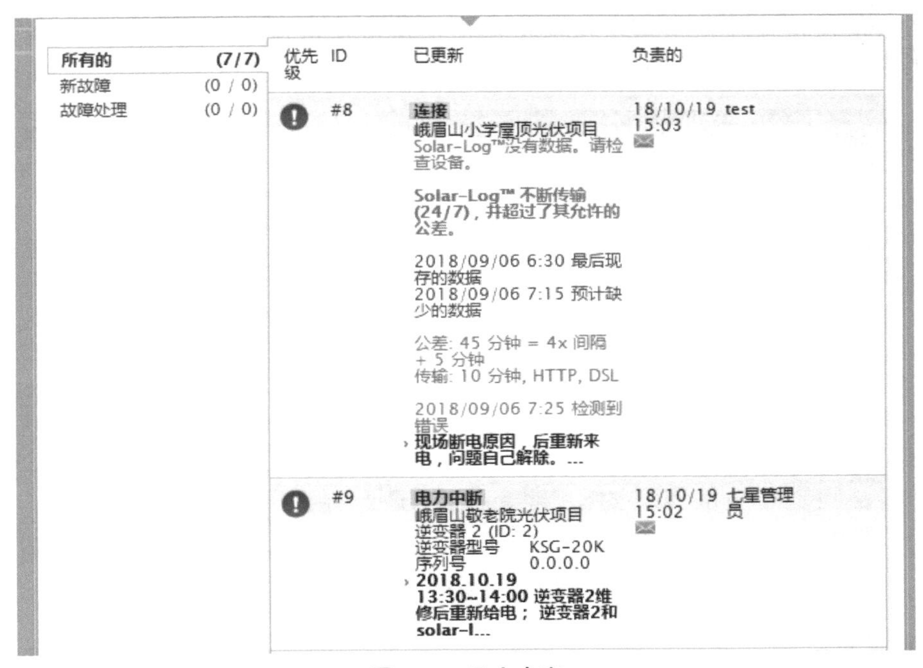

图 5-22　日志内容

在日志页面(图 5-21)下方的类别管理和创建报告中,可以对日志中的故障进行处理,或者新建新的类别,如图 5-23 所示。根据日志中反映的问题,创建报告进行说明和反馈,并针对问题提出合理的解决方案,现场再根据解决方案处理电站问题。

图 5-23 新建日志

Ⅳ. 设备时间轴

如图 5-24 所示,设备时间轴的存在作用比较简单,就是记录设备从安装运行到现在的一个概况,里面包含设备的基本信息和设备在这期间运行出现的一些事件。可以从设备时间轴页面的“导出”按钮导出设备的具体事件,导出默认以 Excel 的方式显示。

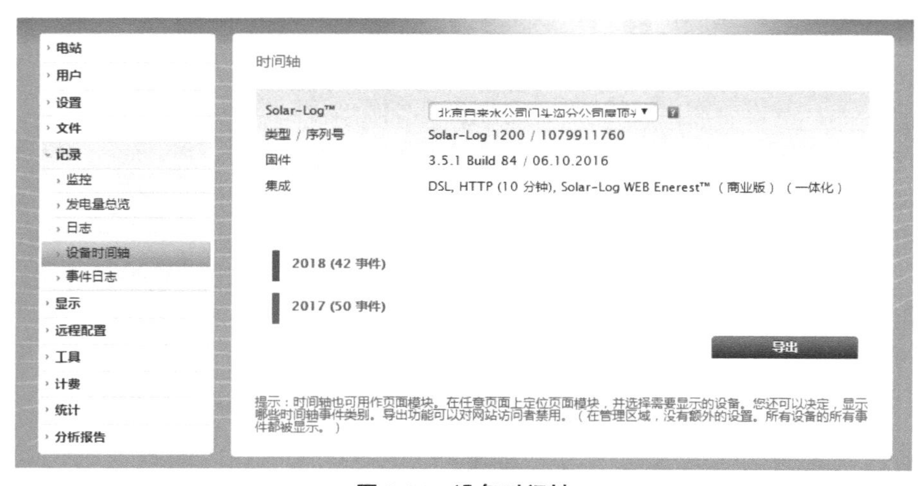

图 5-24 设备时间轴

Ⅴ. 事件日志

事件日志(图 5-25)和日志其实是一样的,事件日志主要是对出现问题的电站及什么问题进行记录,只起到记录作用,不能进行故障问题处理等其他操作。用户可以选择目标电站查看事件日志,也可以导出事件日志,导出默认以 Excel 的方式显示。

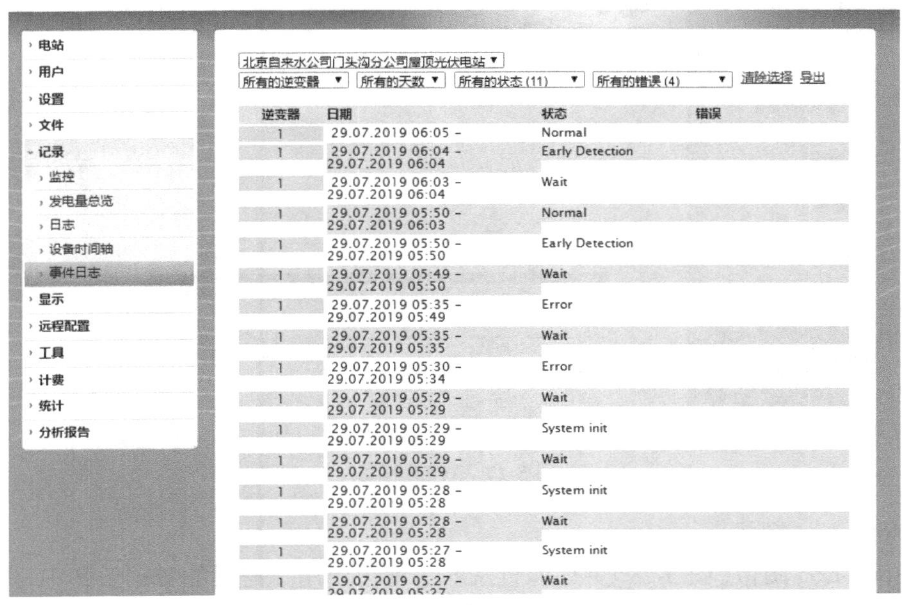

图 5-25　事件日志

6)显示

如图 5-26 所示显示页面,其中包含 WEB 图像、Solar-Log 图像、诊断和价值矩阵 4 个模块。

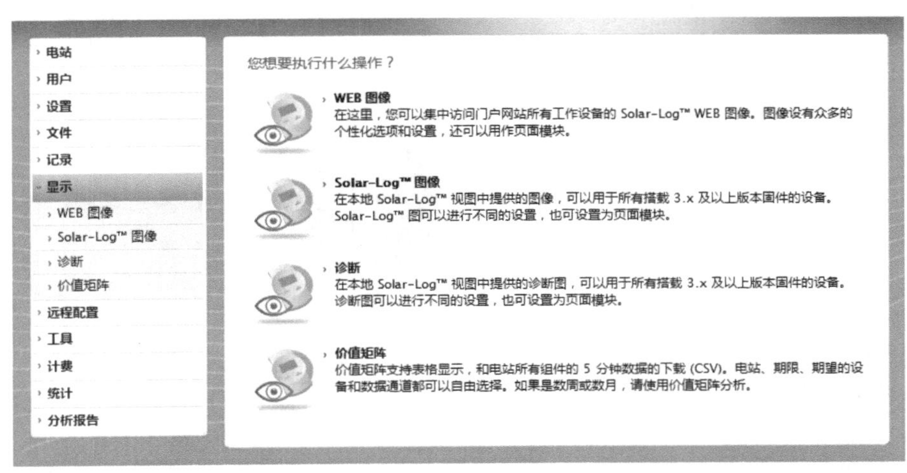

图 5-26　显示页面

Ⅰ. WEB 图像

如图 5-27 所示,在 WEB 图像模块中可以看到某个电站的发电量、发电功率等参数,不同的颜色对应不同的参数,用户可以根据具体需要选择相应的参数进行显示。

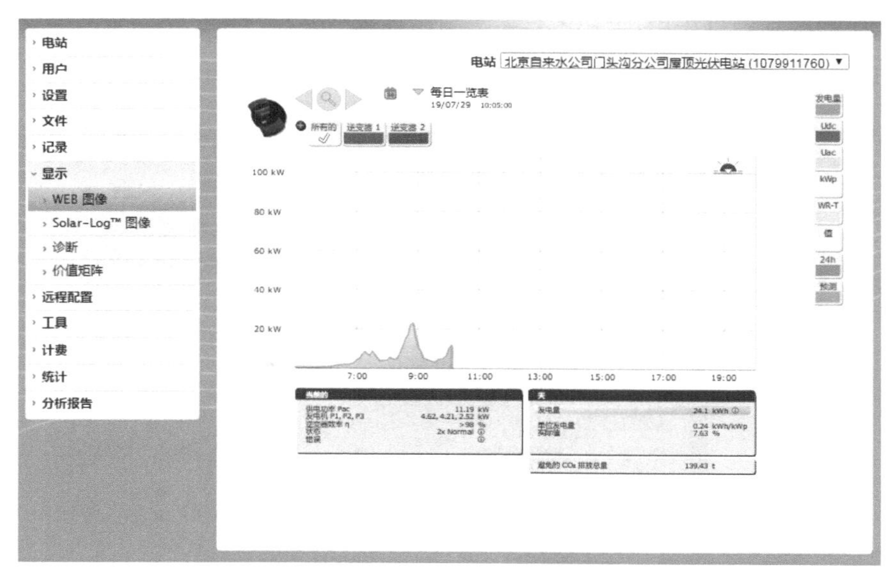

图 5-27 WEB 图像

Ⅱ. Solar-Log 图像

用 Solar-Log 图像（图 5-28）更加能直观明了地突出用户需要的数据。其中，黑色表盘显示的是电站的实时功率，曲线图记录的是当天电站每个时段的实时功率，柱状图记录的是电站一周内每天的发电量，三个数据简单明了地反映了电站的运行状态。

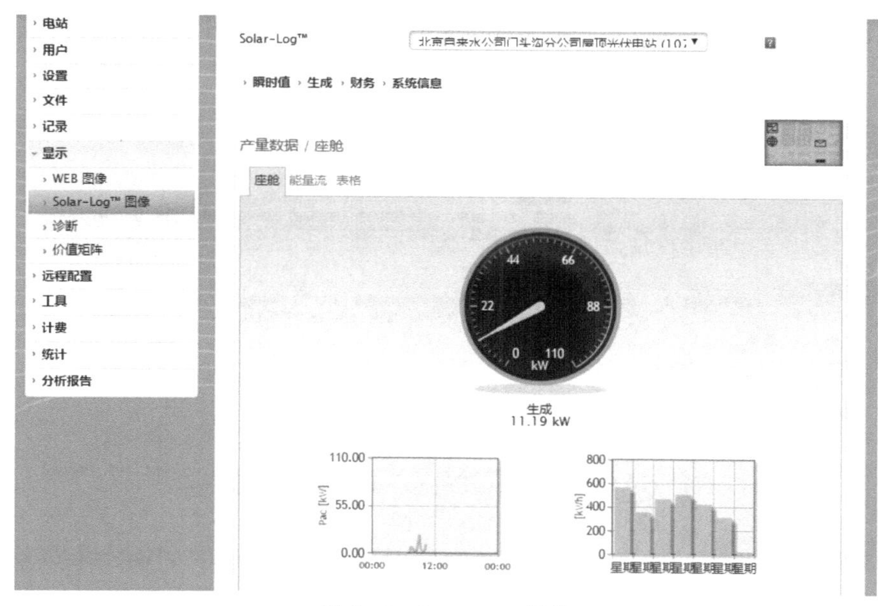

图 5-28 Solar-Log 图像

Ⅲ. 诊断

诊断模块中有三个功能块，分别是逆变器的详细信息、跟踪器比较和模块区比较。

（1）逆变器的详细信息如图 5-29 所示，用户可以选择电站中的逆变器来观察该逆变器的参数,其中的参数有产量、温度、实时功率等。

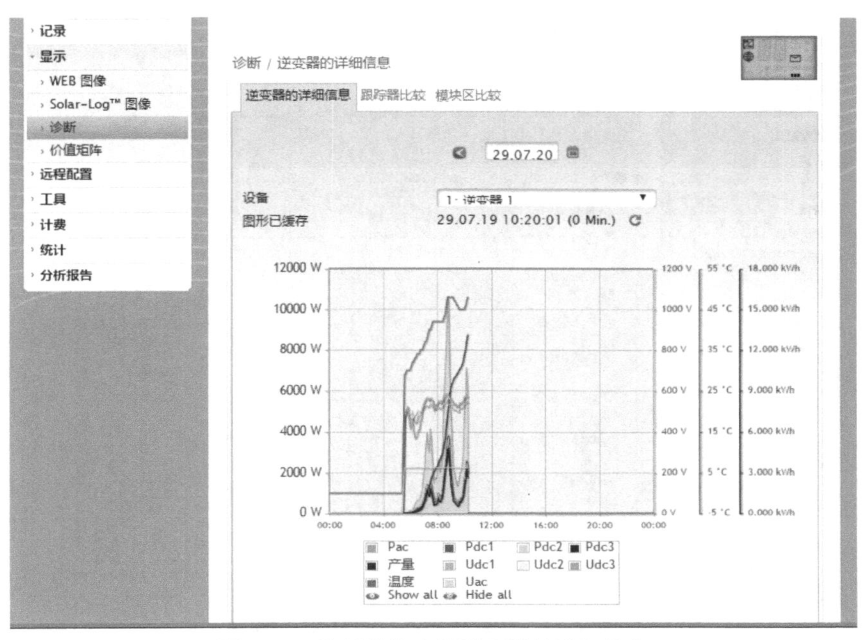

图 5-29　诊断模块中的逆变器的详细信息

(2)跟踪器比较如图 5-30 所示,用户可以选择不同的逆变器来比较其跟踪器的差别和 MPPT 跟踪器的主要参考数据。

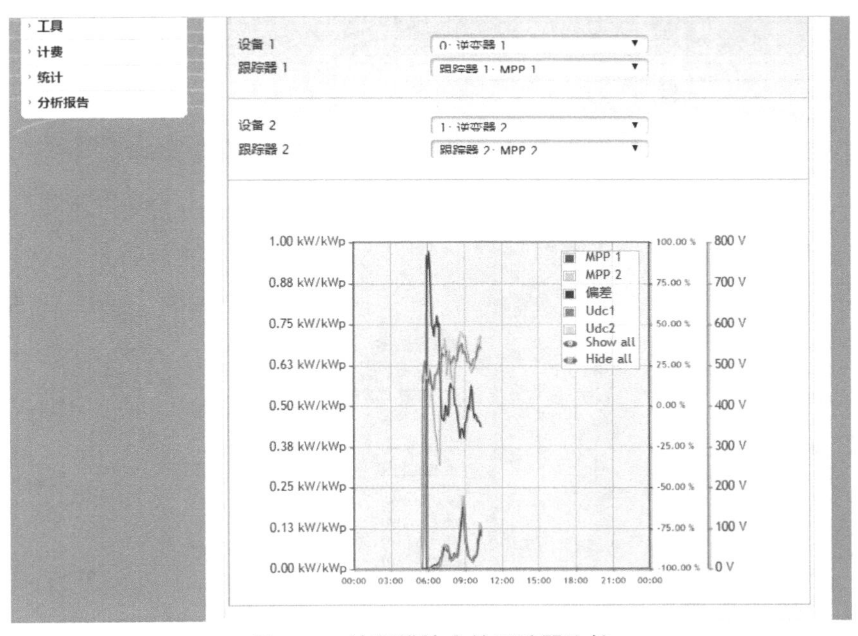

图 5-30　诊断模块中的跟踪器比较

(3)模块区比较如图 5-31 所示,它是在同一时间段内比较不同电站逆变器的 MPPT

情况。

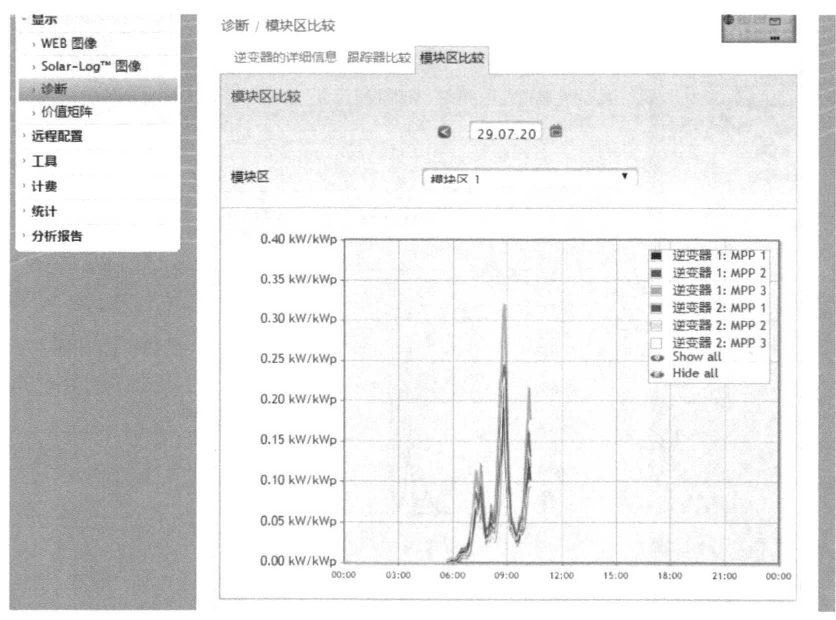

图 5-31　诊断模块中的模块区比较

Ⅳ. 价值矩阵

价值矩阵如图 5-32 所示，其实还是数据的显示，用户可以选择电站，选择电站对应的逆变器和相对应的需要显示参数，点击“显示数据”按钮，个性化的定制显示自己需要的数据参数。

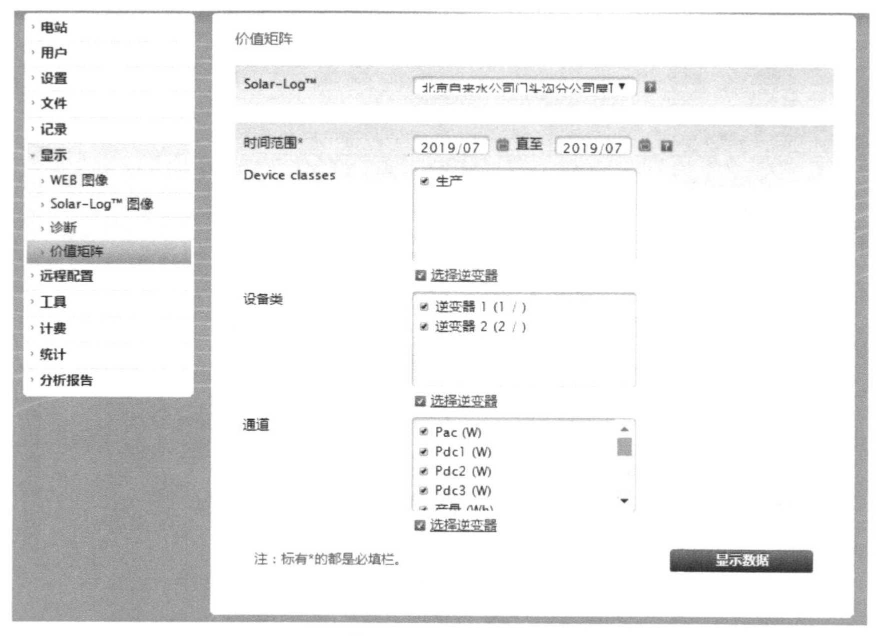

图 5-32　价值矩阵

7）远程配置

远程配置页面如图 5-33 所示，远程配置需要填写门户类型、门户服务器和传输间隔，并且激活本地监控，最后点击“保存”按钮。远程配置是与逆变器采集器进行配置的，只有配置正确，平台才能接收到采集器传输的数据。

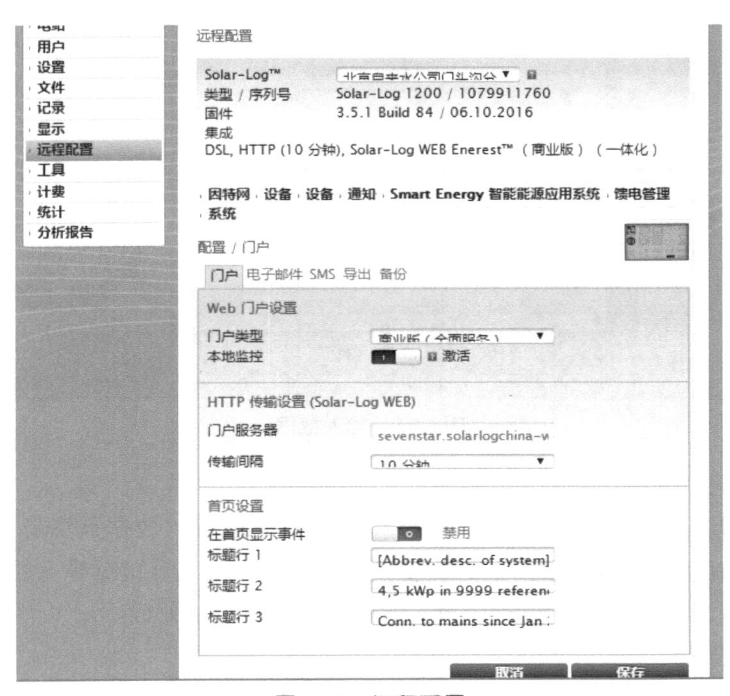

图 5-33　远程配置

8）工具

工具页面如图 5-34 所示，工具中包含导入数据、更正数据、系统工具和 Enerest 账户分配 4 个功能块。

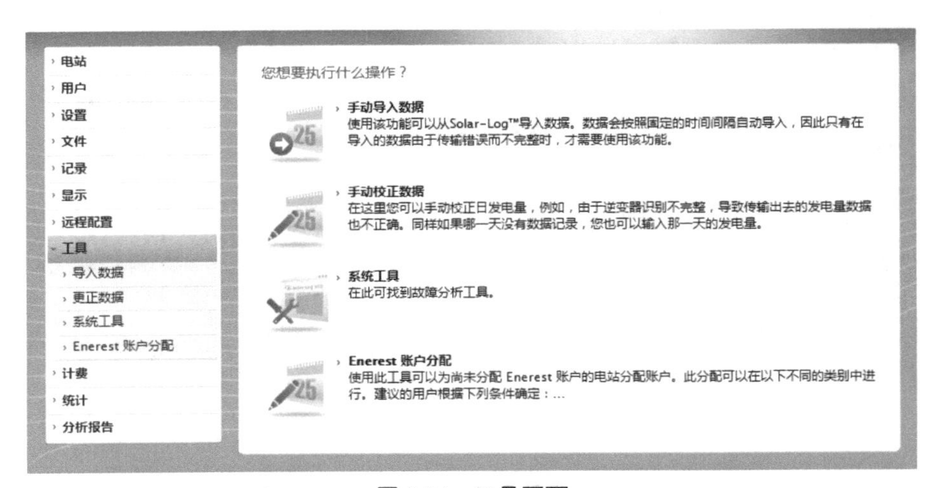

图 5-34　工具页面

Ⅰ.导入数据

导入数据(图 5-35)是在发生采集器上的数据自动传送到数据库的过程中,无意间有错误的记录进入数据库,用户可以使用导入数据手动重新导入数据采集器文件中的数据。

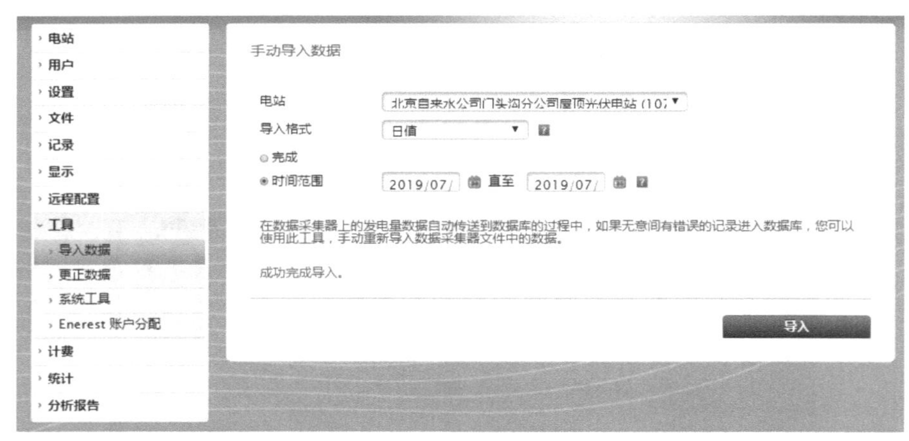

图 5-35 导入数据

Ⅱ.更正数据

更正数据和上面介绍的导入数据类似,但是更加直接,导入数据是整个数据重新导入数据库,不管正确数据还是错误数据全部覆盖。更正数据是可以直接对导入的数据进行修改,当然必须满足图 5-36 中提到的要求才可以对数据进行一定的修改。

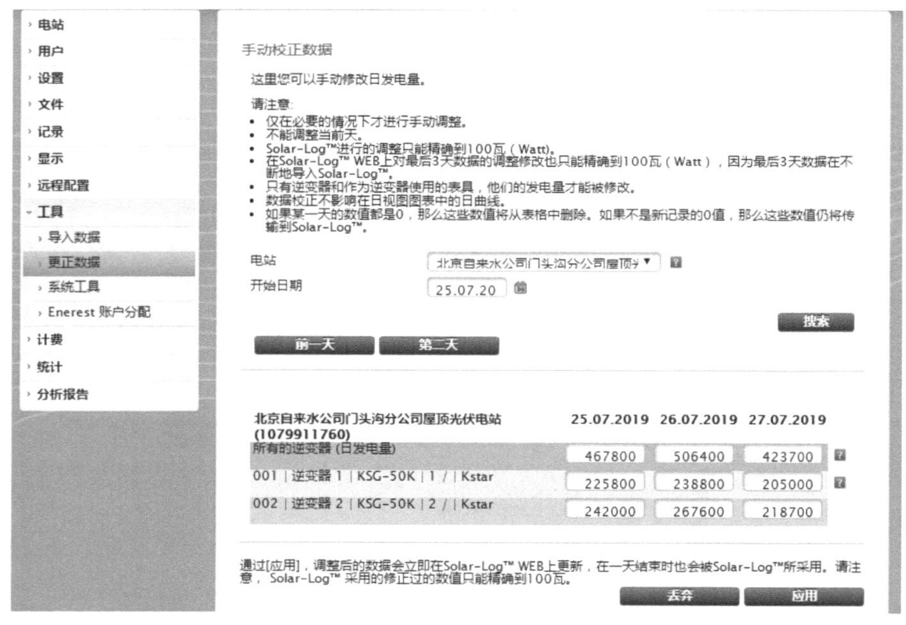

图 5-36 更正数据

Ⅲ. 系统工具

如图 5-37 所示，系统工具指的是 X 标头测试，X 标头指的是当前网络中是否允许使用用户自定义的 HTTP 标头。

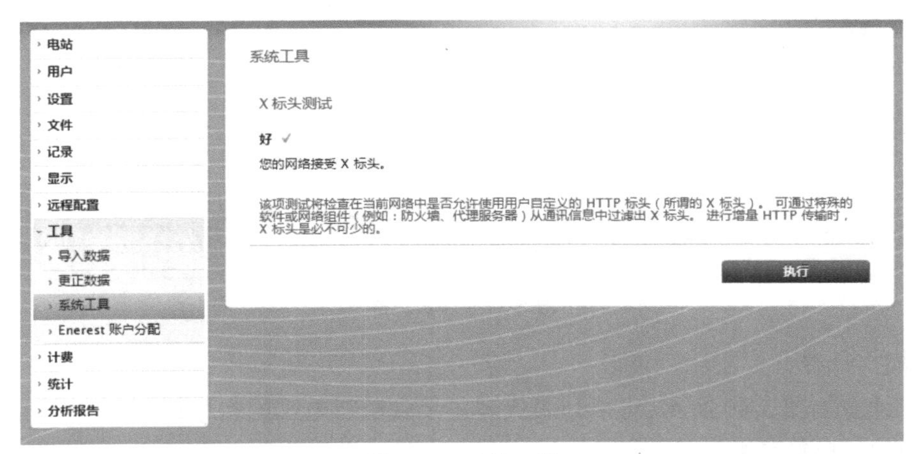

图 5-37　系统工具

Ⅳ.Enerest 账户分配

Enerest 账户分配（图 5-38）可以给尚未分配账户的电站分配账户，分配可以在已经存在的列表进行。

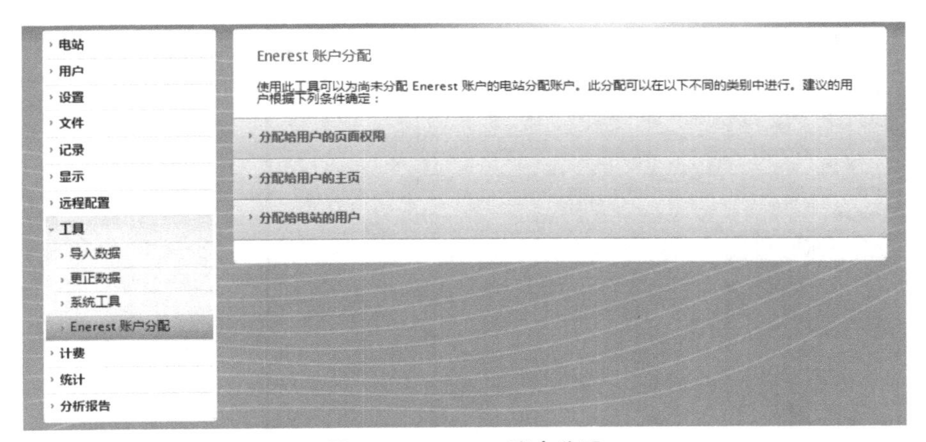

图 5-38　Enerest 账户分配

9）计费

如图 5-39 所示计费页面，分为门户计费、导出和计费明细 3 个功能块。

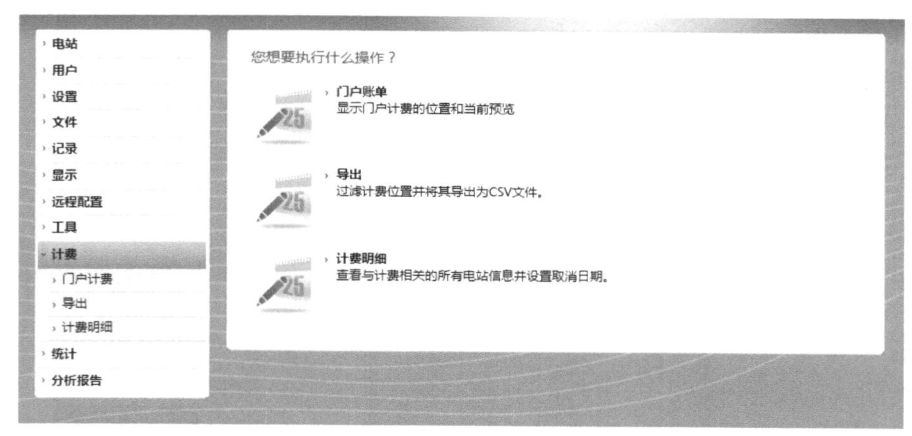

图 5-39 计费页面

Ⅰ.门户计费

门户计费如图 5-40 所示，每个列表代表每个月所有电站的费用情况，列表中的费用是所有电站的门户总费用。

电站
用户
设置
文件
记录
显示
远程配置
工具
计费
门户计费
导出
计费明细
统计
分析报告

门户计费

结算预览每天生成数次。预览最后在 29.07.2019 05:41:52 时刻创建。

预览 2019	10月	0 位置	0.00 ¥
预览 2019	9月	1 位置	125.00 ¥
预览 2019	8月	0 位置	0.00 ¥
2019	7月	2 位置	250.00 ¥
2019	6月	0 位置	0.00 ¥
2019	5月	0 位置	0.00 ¥
2019	4月	0 位置	0.00 ¥
2019	3月	0 位置	0.00 ¥
2019	2月	0 位置	0.00 ¥
2019	1月	0 位置	0.00 ¥
2018	12月	0 位置	0.00 ¥
2018	11月	0 位置	0.00 ¥

图 5-40 门户计费

如图 5-41 所示门户计费明细，其中有门户的状态、周期、电站规模、计费期和基价等，用户可以了解自己的门户的计费信息，页面底下还有价目表和门户价格供用户参考。

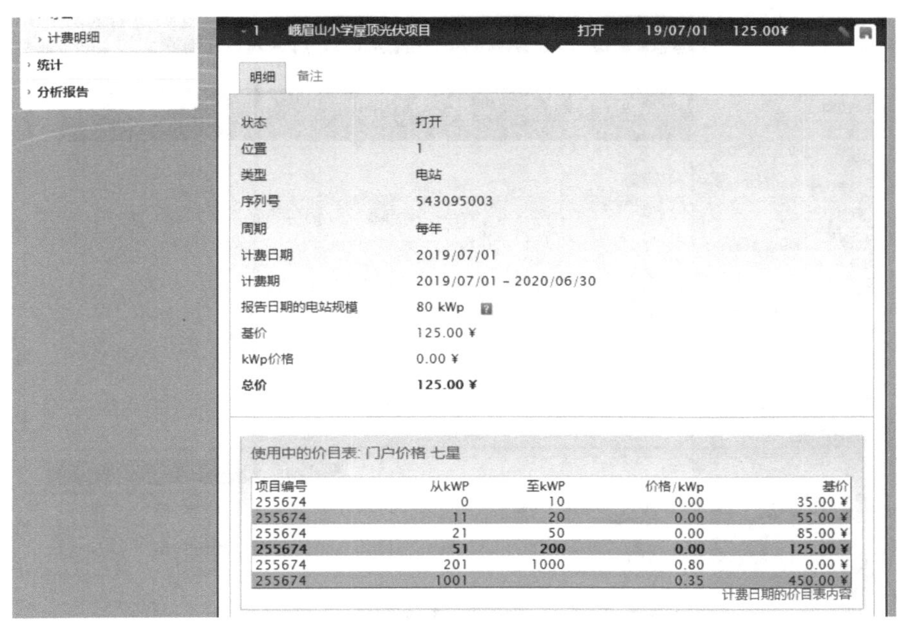

图 5-41　门户计费中的明细

Ⅱ. 导出

导出(图 5-42)就是导出计费的详细信息,导出默认以 Excel 的方式显示。

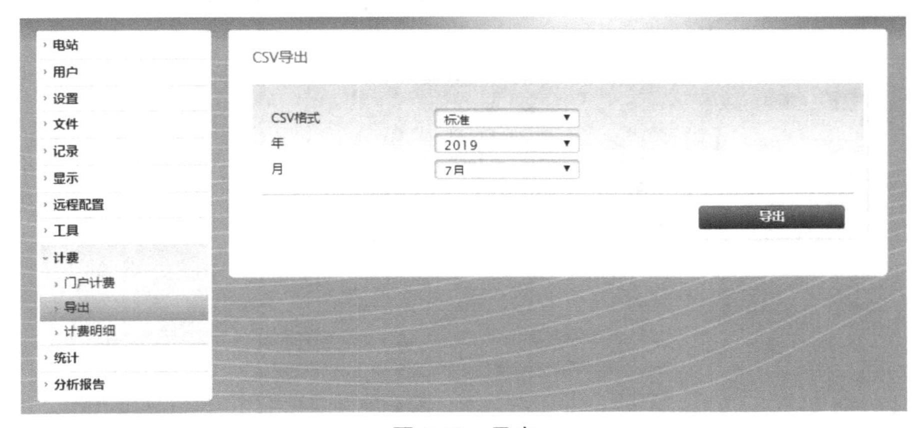

图 5-42　导出

Ⅲ. 计费明细

(1)计费明细如图 5-43 所示,其按照电站进行计费,跟门户计费的方式不一样,但是计费的结果是相同的。

(2)门户账单如图 5-44 所示,其中的信息跟门户计费明细类似,都是以门户来进行计费。

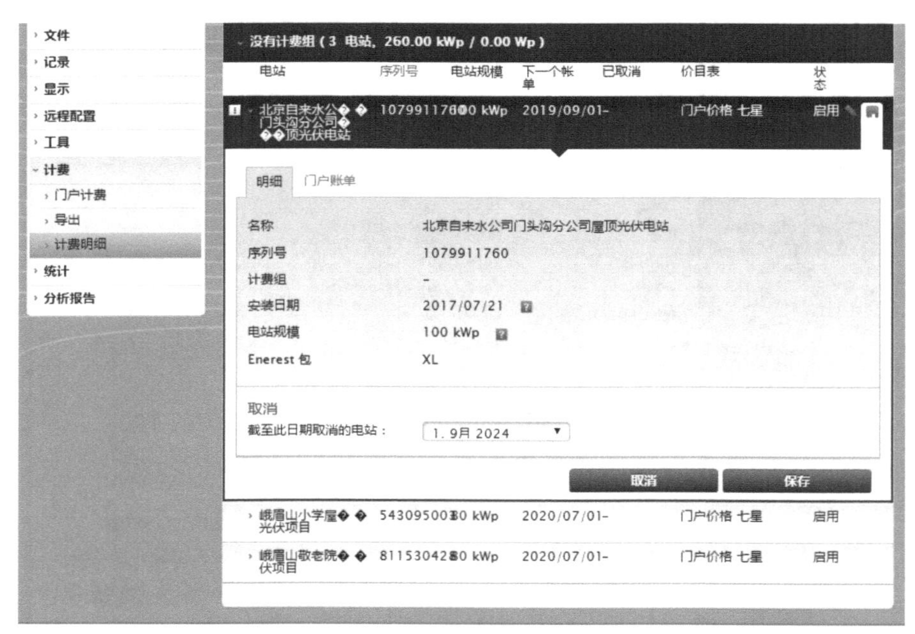

图 5-43 计费明细中的明细

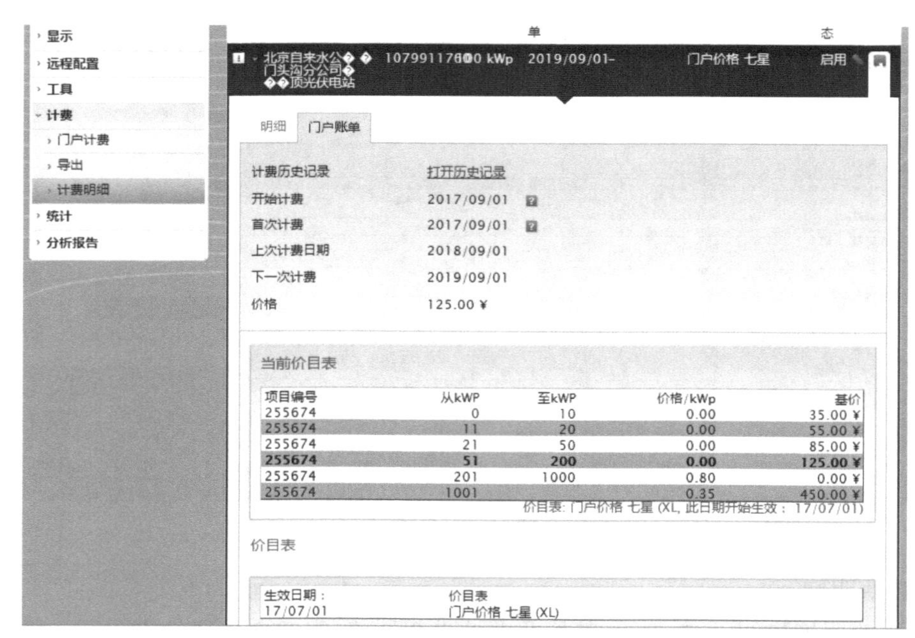

项目编号	从kWP	至kWP	价格/kWp	基价
255674	0	10	0.00	35.00 ¥
255674	11	20	0.00	55.00 ¥
255674	21	50	0.00	85.00 ¥
255674	51	200	0.00	125.00 ¥
255674	201	1000	0.80	0.00 ¥
255674	1001		0.35	450.00 ¥

图 5-44 计费明细中的门户账单

10）统计

在统计中有 3 个页面，分别是已激活的电站、已停用的电站和导出。

（1）已激活的电站，用户可以在该页面中看到账户中激活的电站总数和逆变器总数，如图 5-45 所示。

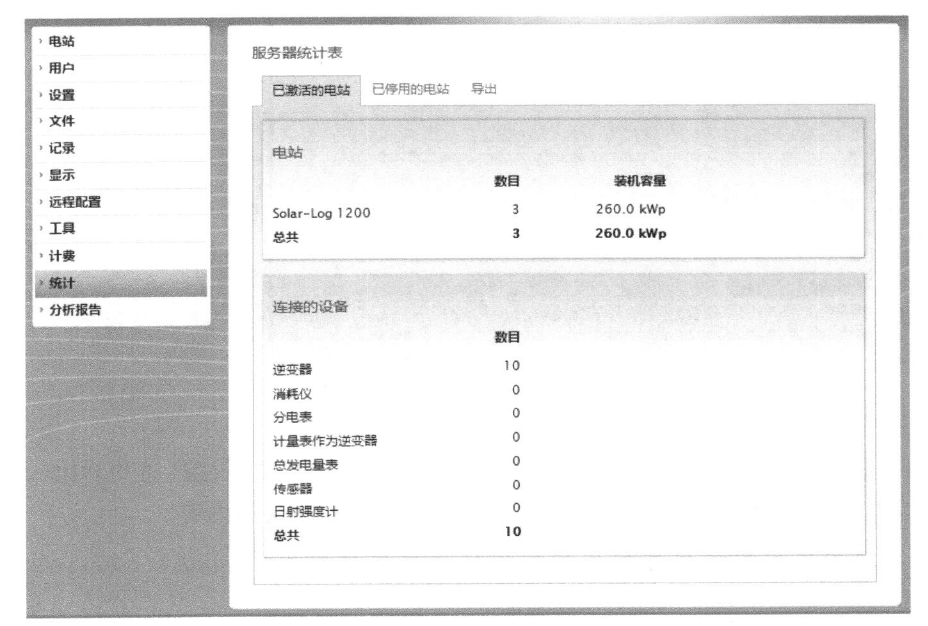

图 5-45　统计中的已激活的电站

（2）已停用的电站，用户可以在该页面中看到账户中停用的电站数量和逆变器数量，如图 5-46 所示。

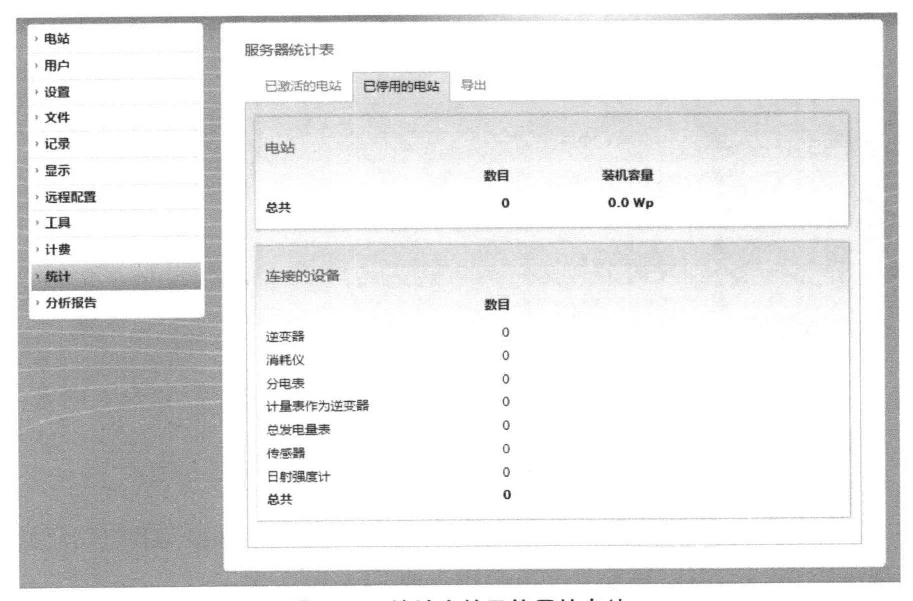

图 5-46　统计中的已停用的电站

（3）导出，用户可以在该页面导出所有激活电站的报告，如图 5-47 所示。

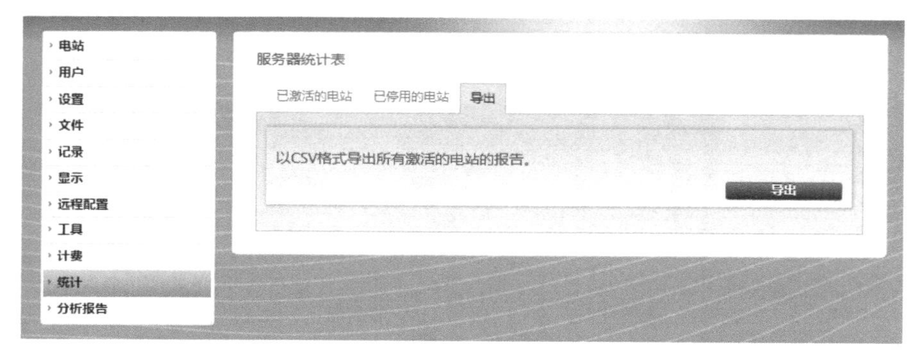

图 5-47 统计中的导出

11）分析报告

分析报告如图 5-48 所示，其中包含很多的分析报告，如电站收益、逆变器比较等，这里就不做详细介绍了，因为分析报告综合了上面介绍的 10 个模块的内容。

图 5-48 分析报告

2. 页面管理

1）电站运行数据

如图 5-49 所示，电站运行数据中包含电站性能展示、电站信息概览和电站产量概览，这些在上面都有详细介绍，可以参考图 5-26 显示页面部分。

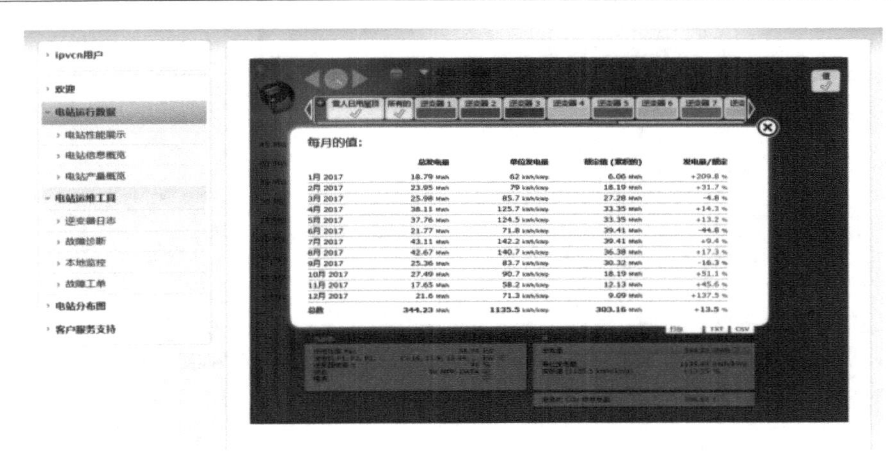

图 5-49 电站运行数据

2)电站运维工具

如图 5-49 所示,电站运维工具中包含逆变器日志、故障诊断、本地监控和故障工单,这些在上面有详细介绍,可以参考图 5-16 记录页面部分。

3)电站分布图

电站分布图可以看出,用户账户中的每一个逆变器位置都会在地图上显示出来。

4)客户服务支持

客户服务支持包含下载专区和终端客户反馈表两个模块。下载专区可以下载该用户下所有的电站信息及数据采集信息。终端用户反馈表用于采集用户对于终端的意见和建议。

5.2.3 电站工作人员智能控制系统操作指南

1. 电站运维人员日常操作指南

1)角色介绍

该角色主要针对电站基层运维人员,通过使用 FusionSolar 管理系统提前发现电站设备运行故障,并及时处理、消缺等,保障电站正常运行,提升发电效益。

2)工作流程

光伏电站运维人员工作流程如图 5-50 所示。

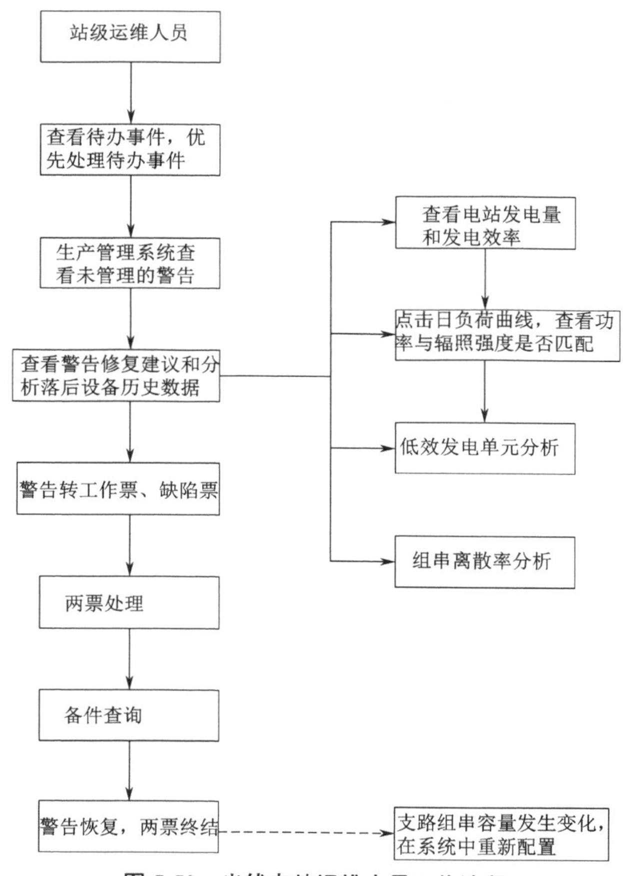

图 5-50 光伏电站运维人员工作流程

3)具体内容

(1)使用生产管理系统,供不同班组交接班时在系统中进行记录,方便留存运维班组情况。

(2)生产管理系统提供待办事项,供当前登录用户查看自己需要处理的事项,方便运维人员处理各种工作流程。待办事项包括待处理的告警、待处理的工作票(一种、两种)、操作票、缺陷票。

(3)电站监控系统提供活动告警提示以及告警全集查看的功能,支持运维人员查看设备告警信息,并提供组串式逆变器的告警修复建议,帮助运维人员准确定位问题。

①生产管理系统提供生产运行日报表、生产运行月报表及生产运行年报表,供电站运维人员按日、月、年查看电站发电运行指标。当关口表数据接入系统后,上网电量指标显示的是电站每日关口表的上网电量,可以减轻运维人员每日抄表的工作量;当关口表未接入时,上网电量指标通过逆变器的总发电量进行计算,计算参数配置设置上网电量与总发电量换算系数。当发电量数值不准确时,可通过配置对其进行修正。

②通过电站的日(月 / 年)报表判断电站的运行状态。

③通过这些电站性能 KPI 指标,判断本电站的运行状态是否良好。以某光伏电站 2016

年 2 月 18 日生产运行报表举例说明，如图 5-51 所示。

2016年02月18日 生产运行统计指标日报				
统计指标名称		统计值	单位	统计时间
电站规模及环境参数	装机容量	23.598	MW	2016-02-18 22:11:00
	逆变器数	38	台	2016-02-18 22:11:00
	总辐照量	5.321	kW·h/㎡	2016-02-18 22:11:00
	最大瞬时辐射	997.00	W/㎡	2016-02-18 22:11:00
	峰值日照时长	5.32	h	2016-02-18 22:11:00
	水平面辐照量	0.00	kW·h/㎡	2016-02-18 22:11:00
	组件温度	0.00	℃	2016-02-18 22:11:00
	温度	7.36	℃	2016-02-18 22:11:00
	风速	1.75	m/s	2016-02-18 22:11:00
效率指标	理论发电量	125564.96	kW·h	2016-02-18 22:11:00
	总发电量	0.00	kW·h	2016-02-18 22:11:00
	累计发电量	0.000	MW·h	2016-02-18 22:11:00
	峰值功率	16819.62	kW	2016-02-18 22:11:00
	负荷率	71.28	%	2016-02-18 22:11:00
	上网电量	109570.96	kW·h	2016-02-18 22:11:00
	等效利用小时数(PPR)	4.64	h	2016-02-18 22:11:00
	发电效率(PR)	87.26	%	2016-02-18 22:11:00
	标准发电效率(PRstc)	87.27	%	2016-02-18 22:11:00
	转换效率	98.48	%	2016-02-18 22:11:00
	线缆损耗	0.00	kW·h	2016-02-18 22:11:00
	单MW发电量	4643.23	kW·h	2016-02-18 22:11:00
	回路发电量	0.00	kW·h	2016-02-18 22:11:00
	购网电量	1320.13	kW·h	2016-02-18 22:11:00
性能一致性指标	单MW发电量标准方差	0.00		2016-02-18 22:11:00
	单MW发电量离散率	0.00	%	2016-02-18 22:11:00
维护类指标	失效发电量损失统计(故障)	0.00	kW·h	2016-02-18 22:11:00
	失效发电量损失统计(并网限电)	0.00	kW·h	2016-02-18 22:11:00
	并网时长	0.00	h	2016-02-18 22:11:00
	关机时长	0.00	h	2016-02-18 22:11:00
	限电时长	0.00	h	2016-02-18 22:11:00
	故障时长	0.00	h	2016-02-18 22:11:00
可靠性指标	光伏组串故障率	16.33	%	2016-02-18 22:11:00
	逆变器故障率	0.00	%	2016-02-18 22:11:00

图 5-51　某光伏电站生产运行日常报表

- 通过“装机容量”“逆变器数”和电站实际情况进行对比，确认是否准确。
- “总辐照量”“最大瞬时辐射”“峰值日照时长”“温度”“风速”等指标，反映电站环境情况，也可以通过这些指标判断环境监测仪是否准确。
- “总发电量”“上网电量”反映电站的收益情况。
- “发电效率”反映电站的运行状态，同时也是电站对比分析的主要指标之一，后面章节有详细介绍。
- “等效利用小时数”“单 MW 发电量”是电站评估的重要指标。
- “峰值功率”“负荷率”表示电站峰值功率时的情况。
- “转换效率”反映逆变器的工作效率，目前经验值为 98% 左右，过大、过小都说明可能存在问题。

•“单 MW 发电量离散率”反映逆变器归一化发电量一致性，经验值不超过 5%，如果此值过大，说明存在某些逆变器发电量较低。

•“光伏组串故障率”“逆变器故障率”，如果这两个值不是 0，说明存在故障，需要分析。

④每日通过发电效率对电站进行分析，生产管理系统首页提供电站上网电量及发电效率的按日呈现，便于运维人员关注电站发电效率情况。影响发电效率计算结果的因素有装机容量、辐照量和上网电量。装机容量可查看生产日报，确认电站装机容量是否录入准确。辐照量可查看日负荷曲线图，通过峰值辐照强度是否合理、辐照强度与电站功率趋势图是否合理，初步判断辐照量是否有问题。

⑤每日查看电站中的落后发电单元，逆变器运行状态情况，决定光伏电站的发电情况。如何能够快速定位低效逆变器、组串，挽回低效损失发电量，是提升电站发电量的重要手段。

（4）生产管理系统中提供告警管理模块，能够将监控系统上报的设备告警和越限告警以及生产管理系统进行数据分析后发现的落后告警进行统一展示和管理。

（5）电站监控系统查看设备的实时运行状态和数据。

（6）电站监控系统将采集到的设备告警信息上传至生产管理系统，运维人员在生产管理系统完成各类告警按类别转工作票或缺陷票。生产管理系统提供自动和手动两种方式转工作票（或缺陷票）。生产管理系统提供工作票管理模块，电子化两票流程，供运维人员对两票申请、审核、处理及终结等各环节的全流程可跟踪，处理人员及操作记录可追溯。智能光伏解决方案提供移动运维的功能，使用定制终端 EP820 亦可完成两票处理，减少运维人员往返工作票审批时间，缩短电站告警处理周期，提升运维人员工作效率，使用场景覆盖地面式电站和未接网闸的分布式电站。

（7）在处理故障需要替换设备时，可在备件查询界面查询该种类型设备的当前库存量。 生产管理系统提供备件管理功能，对电站备件的列表进行查看、新建、修改、删除操作。营维分析系统提供设备与备件统计功能，对集团汇总呈现各电站备件信息。

（8）在处理问题过程中，可能会将某路组串的进线切换到另一支路，或者为避免影响整台逆变器 / 汇流箱发电而将某支路断开，这种组串容量的变化将影响系统分析的准确性，导致误报的产生。因此，当组串接入情况发生变化后，需要在系统中对组串容量进行修改。

2. 电站站长日常操作指南

1）角色介绍

该角色主要针对电站站长，站长是安全第一责任人，全面负责本站工作，保障电站正常良好运行，主持较大的停电工作和较复杂操作的准备工作，完成集团对电站的考核任务，同时对电站运维人员进行管理和考核。

2）工作流程

光伏电站站长工作流程如图 5-52 所示。

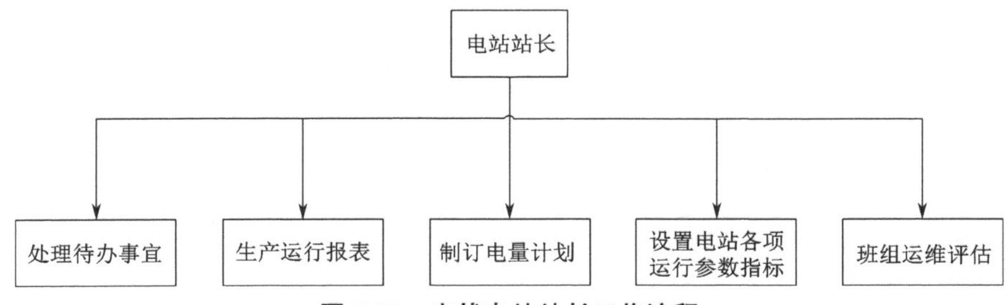

图 5-52　光伏电站站长工作流程

3）具体内容

（1）使用生产管理系统，每日查看待办事项。

（2）每日查看电站的发电量报表。

（3）由于电站接入时间、通信故障、电表数据异常等原因，导致管理系统界面的发电量、上网电量数据不准确，可以通过手工修正。

（4）电站未接入关口表时，通过逆变器发电量计算上网电量。当电站未接入关口电表时，无法获取上网电量的值，此时可以通过逆变器总发电量来计算上网电量。

（5）修正理论发电量。电站的环境监测仪经常出现数值不准的情况，导致理论发电量计算值不准确，导致电站发电效率值过大，触发异常保护，一直显示 89%，无法通过发电效率变化趋势发现电站问题。可通过配置理论发电量修正因子进行修正，保证发电效率值能够正常波动。

（6）录入电站计划发电量并查看计划完成率。电站计划完成率反映电站当年（当月）发电量的计划完成情况，是对电站运行情况和电站站长的重要考核指标。

（7）评估运维班组的工作效率。班组运维评估根据各班组当值期间告警处理率、两票处理率和发电效率等信息，对电站各班组的工作情况进行考核、排名。注：班组运维评估至少需要建立 2 个班组，且完成班组交接班以后，才能对上一个班组的工作情况进行评估。

（8）设置电站监控系统员工的用户权限。电站监控系统用户权限的设置关系到电站的安全生产运行，因此每名电站运维都应有自己的账号，并使用自己的账号维护电站，便于对运维人员的绩效进行考核。

（9）查看生产管理系统的操作记录。

3. 集团运维专家

1）角色介绍

该角色主要针对集团运维专家，运维专家工作在运维中心，负责集团电站运维技术支持，同时对集团电站运行数据进行分析，发现潜在问题。

2）工作流程

集团运维专家工作流程如图 5-53 所示。

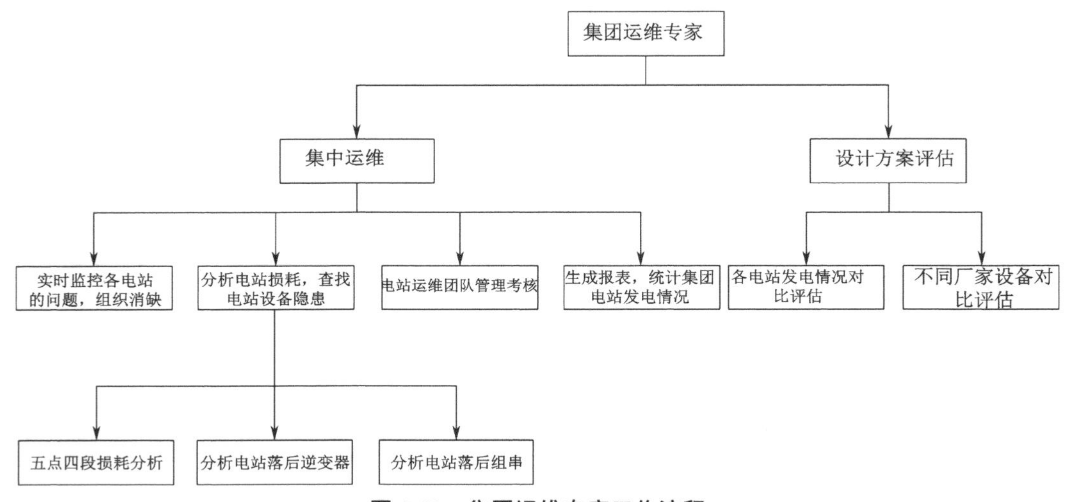

图 5-53 集团运维专家工作流程

3)具体内容

(1)每日使用集团监屏营维分析系统实时监控所有电站问题。电站远程运维是光伏行业的发展趋势,在营维分析系统中提供了集团监屏功能,对各个电站下的设备告警和越限、落后告警进行集中展示,能够快捷地发现集团所有电站下的问题。

(2)每日使用集团监屏营维分析系统查看电站的告警详情。电站运营远程化、集中化是发展趋势,需要能够在集中运维中心实时发现下属电站的告警情况,确保电站安全运营。

(3)使用集团监屏营维分析系统,通过五点四段发电效率分析,定位电站损耗。发电效率反映电站端到端的发电效率,降低电站各损耗段的损耗,就提升了发电效率,但是电站侧设备众多,为了量化、评估电站每个环节的损耗情况,建立五点四段损耗模型,如图 5-54 所示。通过理论发电量、逆变器输入电量、逆变器输出电量、箱变输入电量、上网电量五个采集点,把电站损耗模型分为组串环境及失配损耗、逆变器损耗、线缆损耗和并网损耗四段。通过多电站各损耗段间横向、纵向和时间维度对比,找出电站损耗较大的损耗段。五点四段损耗模型分析体系依赖于关口表和箱变输入侧电表的接入。

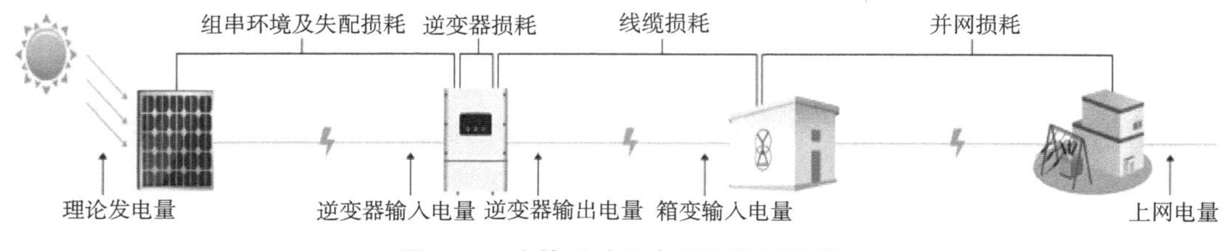

图 5-54 光伏系统五点四段损耗模型

(4)每日使用集团监屏营维分析系统找出电站落后 TOP N 子阵或逆变器。找出电站存在落后的子阵、逆变器并进行排查和整改,相应能提升整改电站的发电量和发电效率。

(5)每日使用集团监屏营维分析系统详细分析故障 / 低效组串。大型电站组串数量众多,快速定位故障或低效的组串是提升电站发电效率和挽回发电量损失的重要手段。

（6）使用集团监屏营维分析系统跳转至电站查看生产和监控系统。集团运维专家发现电站问题后，需要进入各电站的生产和监控系统查看当前运维情况，对单个电站进行监控管理。

（7）每月使用营维分析系统评估运维团队效率。营维分析系统提供运维统计（当月），供集团人员查看集团下所有电站运维概况。

（8）每月使用营维分析系统评估各厂家、型号逆变器的质量。电站可能存在不同厂家、不同类型的逆变器，为了对比同一电站不同厂家逆变器性能好坏，按照逆变器厂家、型号、运行年限进行分析，为电站业主评估逆变器提供数据依据。

（9）每月使用营维分析系统评估各厂家、型号光伏组件的性能。在光伏电站中，数量最多的设备就是光伏组件，如 100 MW 电站，有近 40 万块光伏组件。同一个电站存在不同厂家和型号的光伏组件，为了对比不同组件厂家的性能差异，基于长时间的大数据分析，按照不同组件厂家型号归类统计，进行对比分析，为用户以后组件选择提供数据支持。注：组串选型分析准确性，依赖于组串基础信息的准确录入。

4. 集团领导及管理层

1）角色介绍

该角色主要针对集团领导及管理人员，查看报表，关注电站的发电指标，制订计划发电量等指标信息，对电站运维人员及站长进行考核。

2）工作流程

集团领导及管理层工作流程如图 5-55 所示。

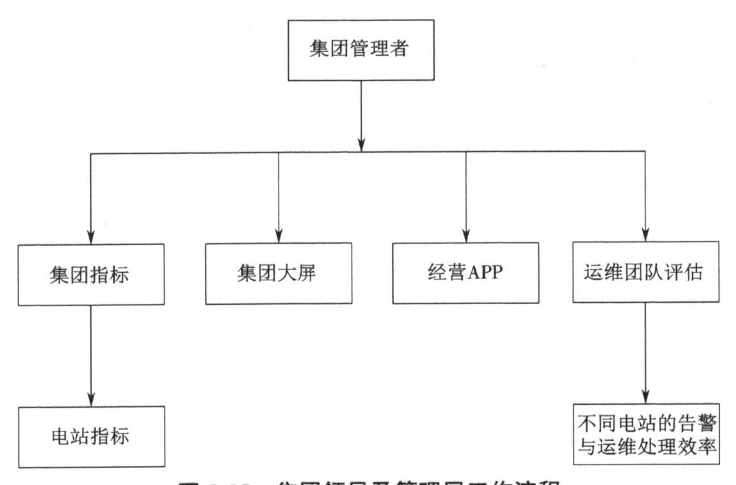

图 5-55　集团领导及管理层工作流程

3）具体内容

（1）每日使用集团监屏营维分析系统查看集团 / 电站指标。智能营维云中心首页呈现集团管理人员关心的主要指标，具体包括上网电量、年计划完成情况、电站发电效率、运维统计、社会贡献和电站建设 6 个模块，用于集团对电站及电站工作人员进行考核。

（2）查看集团大屏。通过大屏展示集团下所有电站的地理位置、状态信息和运营指标等信息,对领导层进行电站运营决策提供数据支持。

(3)使用经营 APP。经营 APP 让电站管理者随时随地、随心所欲地查看电站发电状况成为可能。

(4)使用营维分析系统评估运维团队效率。

5.3 光伏电站的运维案例分析

5.3.1 电站后评价分析

案例解析:光伏电站后评估作为对电站设计预期指标的检验,对后期同类电站设计优化、电站运营指标考核具有非常重要的意义。

参照图 5-56,案例是一个山地电站建成后,经过一段时间的数据积累、分析,我们发现的在设计阶段没有考虑到的问题影响到发电指标的达成。

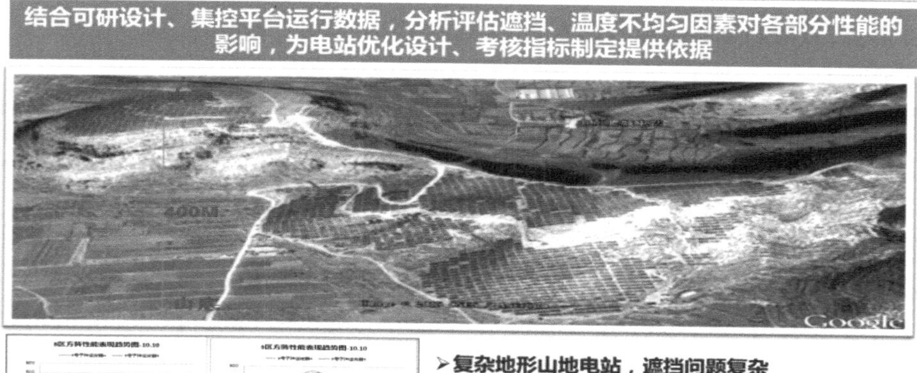

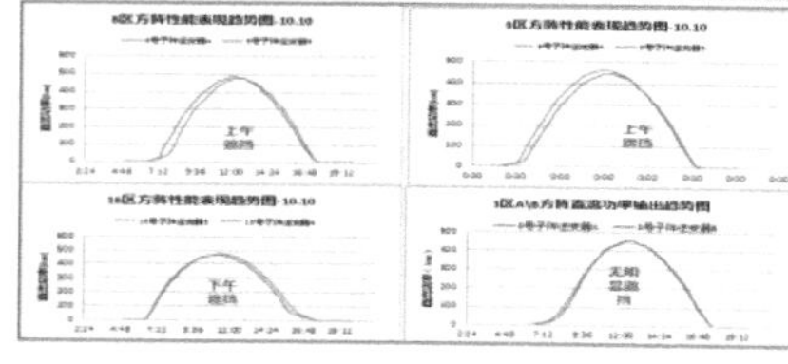

图 5-56 光伏电站后评价分析案例

(1)复杂山地电站,没有充分考虑多种形式的遮挡与遮挡不一致的因素,采用集中式逆变器, MPPT 损失大,同一汇流箱下因遮挡不一致,组串间失配损失大,方阵的发电指标达不到设计的要求,影响收益。

(2)山地电站地形复杂,山地、山坳、山坡通风散热情况各不相同。由于光伏组件对温度比较敏感,此山地电站组件排布时没有充分考虑温度因素,组串间失配未做排布优化,影响电站收益。

5.3.2　电站定期体检

案例解析:电站定期体检,根据测试、运行数据分析电站性能指标,对考核、检验电站关键指标水准和指导改进下一阶段运维工作意义重大。

参照图 5-57,案例是对某电站系统效率和各环节损耗的分析,通过系统效率的趋势分析,可以看到电站实际运行满足设计指标要求,电站运行稳定;从各环节损耗水准来看,损耗比例符合产品损耗特性,损耗合理。

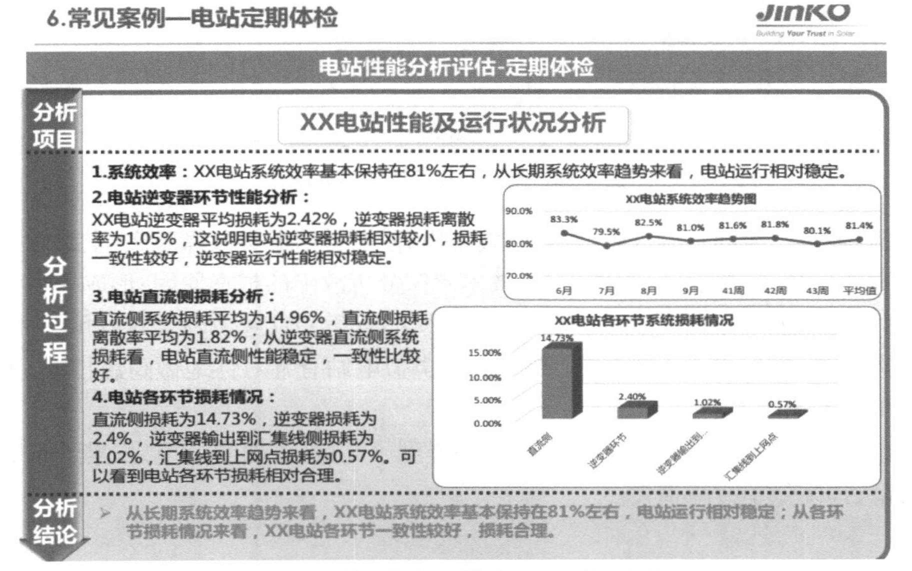

图 5-57　某光伏电站性能及运行状况图解

5.3.3　高压设备异常问题消缺及隐患排查

案例解析:高压设备异常问题消缺及隐患排查。

如图 5-58 所示,列举的是对故障处理的标准过程,确保故障第一时间能得到高效处置,同类隐患能得到有效控制。

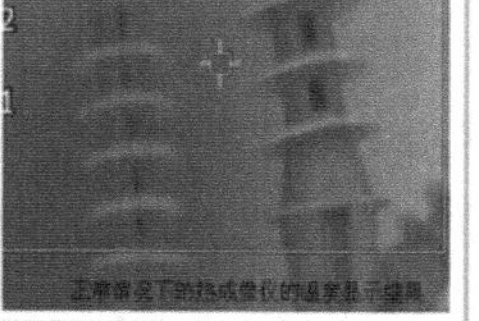

图 5-58 高压设备异常故障处理

具体流程:第一时间正确处理故障,恢复发电;然后针对此类故障隐患,全站做一次全面排查,采取措施,防止同类故障再次发生;技术专家分析故障的根本原因,形成故障分析报告进行存档,以便其他电站参考学习;最后检查体系文件,针对此类故障是否有预防性措施,根据结果调整文件;同时结合此次故障,要求其他类似电站有针对性地做隐患排查,防止此类故障在其他电站出现。

通过系统的处理,保障电站每一次故障都得到了高效、正确的处理,积累了光伏电站运维实力,极大地降低了故障损失。

5.3.4 逆变器隐藏问题解决

案例解析:逆变器隐藏问题解决(图 5-59)。

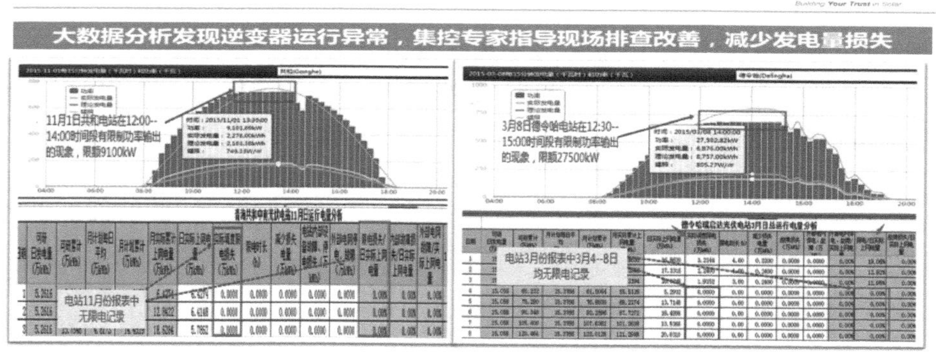

图 5-59 某电站监控系统逆变器曲线分析

参照图 5-59，西部长期限电的某电站，在电网解除限电的时间段，通过数据分析，电站仍然有限电的现象，经过对监控系统逆变器曲线分析，其原因是逆变器内部参数设置问题，排除了非正常限电问题，提升了电站发电量。

5.3.5　组串异常问题分析

案例解析：智能监控平台预设了各类型报警逻辑，发现运行数据有异常，及时提醒运维人员进行处理，减少发电损失，如图 5-60 所示。

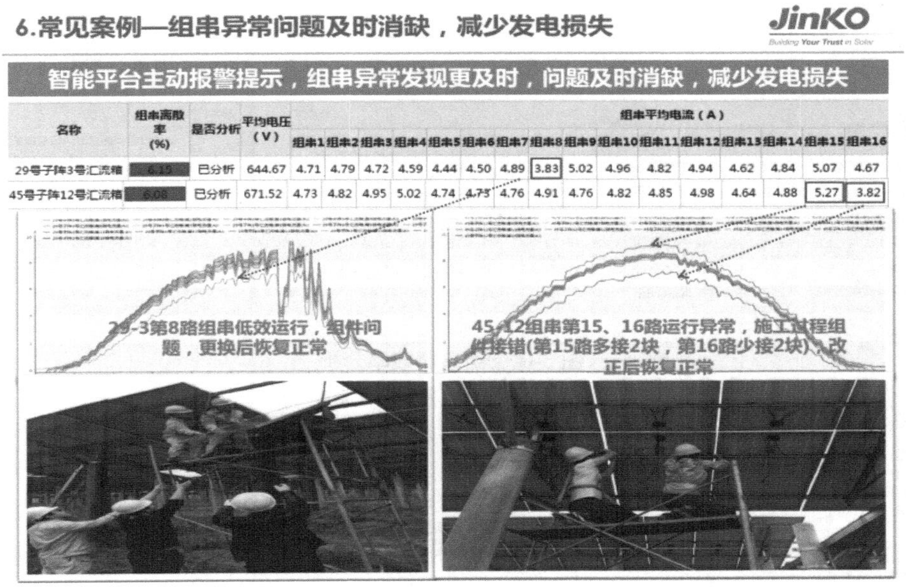

名称	组串离散率(%)	是否分析	平均电压(V)	组串平均电流(A)															
				组串1	组串2	组串3	组串4	组串5	组串6	组串7	组串8	组串9	组串10	组串11	组串12	组串13	组串14	组串15	组串16
29号子阵3号汇流箱	6.15	已分析	644.67	4.71	4.79	4.72	4.59	4.44	4.50	4.89	3.83	5.02	4.96	4.82	4.94	4.62	4.84	5.07	4.67
45号子阵12号汇流箱	6.08	已分析	671.52	4.73	4.82	4.95	5.02	4.74	4.73	4.76	4.91	4.76	4.82	4.85	4.98	4.64	4.88	5.27	3.82

图 5-60　组串异常故障分析与处理

1. 组串离散率

生产系统中分别对直流汇流箱和组串式逆变器侧的组串功率进行离散率计算，反映组串之间的差异性。

组串离散率 = 组串功率的均方差 / 组串功率的均值

离散率分析范围标准如下。

（1）异常：通常汇流箱 / 逆变器存在通信故障。

（2）20% 以上：个别支路存在断路故障。

（3）10%~20%：个别支路相对其他支路存在明显偏低。

（4）5%~10%：按照经验，离散率大于 7%，个别支路偏低。

（5）0~5%：正常。

（6）未分析：为了减少误判，天气异常场景，如阴雨天，没有达到启动门限，目前功率启动门限设置为 10%，即只有当电站的功率输出大于装机容量的 10% 时才会参与到离散率分析。

2. 查看分析组串离散率报表，对存在问题的组串进行初步分析推断

生产系统中提供历史数据报表，对 5 分钟粒度的数据进行查看，通过组串离散率找到有问题的组串后，可以根据历史数据查看该组串的数据进行确认和初步分析，从而有目的地进行排查。

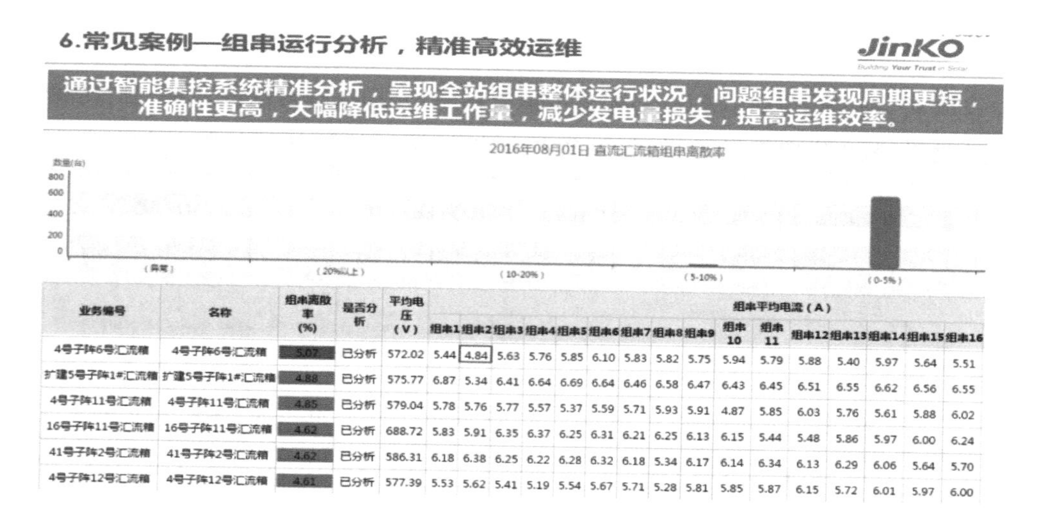

业务编号	名称	组串离散率(%)	是否分析	平均电压(V)	组串平均电流（A）															
					组串1	组串2	组串3	组串4	组串5	组串6	组串7	组串8	组串9	组串10	组串11	组串12	组串13	组串14	组串15	组串16
4号子阵6号汇流箱	4号子阵6号汇流箱	5.07	已分析	572.02	5.44	4.84	5.63	5.76	5.85	6.10	5.83	5.82	5.75	5.94	5.79	5.88	5.40	5.97	5.64	5.51
扩建5号子阵1#汇流箱	扩建5号子阵1#汇流箱	4.88	已分析	575.77	6.87	5.34	6.41	6.64	6.69	6.64	6.46	6.58	6.47	6.43	6.45	6.51	6.55	6.62	6.56	6.55
4号子阵11号汇流箱	4号子阵11号汇流箱	4.85	已分析	579.04	5.78	5.76	5.77	5.57	5.37	5.59	5.71	5.93	5.91	4.87	5.85	6.03	5.76	5.61	5.88	6.02
16号子阵11号汇流箱	16号子阵11号汇流箱	4.62	已分析	688.72	5.83	5.91	6.35	6.37	6.25	6.31	6.21	6.25	6.13	6.15	5.44	5.48	5.86	5.97	6.00	6.24
41号子阵2号汇流箱	41号子阵2号汇流箱	4.62	已分析	586.31	6.18	6.38	6.25	6.22	6.28	6.32	6.18	5.34	6.17	6.14	6.34	6.13	6.29	6.06	5.64	5.70
4号子阵12号汇流箱	4号子阵12号汇流箱	4.61	已分析	577.39	5.53	5.62	5.41	5.19	5.54	5.67	5.71	5.28	5.81	5.85	5.87	6.15	5.72	6.01	5.97	6.00

图 5-61 组串离散率分析

2016年03月12日 直流汇流箱组串离散率

业务编号	名称	(%)	是否分析	(V)	组串1	组串2	组串3	组串4	组串5	组串6	组串7	组串8	组串9	组串10	组串11	组串12	组串13	组串14	组串15	组串16	组串17
3期14#方阵汇流箱4	3期14#方阵汇流箱4	16.45	已分析	700.00	1.25	0.99	1.14	1.36	1.22	1.22	1.26	1.17	1.15	1.14	1.27	1.18	1.31	1.18	1.23	1.99	--
3期15#方阵汇流箱14	3期15#方阵汇流箱14	10.34	已分析	700.00	2.90	2.26	2.46	3.18	2.65	2.76	3.00	2.60	2.66	2.24	2.60	2.42	--	--	--	--	--
3期16#方阵汇流箱13	3期16#方阵汇流箱13	10.01	已分析	700.00	2.48	2.85	2.44	3.14	2.26	2.33	2.80	2.78	2.43	2.34	2.76	2.82	--	--	--	--	--
3期17#方阵汇流箱13	3期17#方阵汇流箱13	10.42	已分析	700.00	2.70	2.23	2.66	2.99	2.57	2.53	3.33	3.04	2.74	2.84	2.46	2.56	--	--	--	--	--
3期17#方阵汇流箱3	3期17#方阵汇流箱3	15.70	已分析	700.00	3.02	3.14	3.10	2.94	2.95	1.38	3.30	3.03	3.13	2.96	3.19	2.56	3.17	3.06	--	--	--
3期17#方阵汇流箱9	3期17#方阵汇流箱9	12.29	已分析	700.00	2.39	2.75	2.48	2.09	2.55	2.33	2.94	2.96	3.08	2.69	3.15	3.13	--	--	--	--	--
3期18#方阵汇流箱1	3期18#方阵汇流箱1	10.98	已分析	700.00	2.81	3.27	2.72	2.78	2.98	1.95	2.84	2.77	2.78	2.78	3.20	2.80	--	--	--	--	--
3期18#方阵汇流箱10	3期18#方阵汇流箱10	11.06	已分析	700.00	2.53	2.98	1.69	2.83	2.45	2.72	2.81	2.65	2.66	2.78	2.60	2.64	2.73	2.76	--	--	--
3期18#方阵汇流箱4	3期18#方阵汇流箱4	16.00	已分析	700.00	3.00	2.39	2.67	3.04	1.18	2.25	2.84	2.76	2.75	2.90	2.60	2.79	2.76	2.82	2.80	2.72	--
3期18#方阵汇流箱5	3期18#方阵汇流箱5	11.66	已分析	700.00	2.89	2.61	2.81	2.83	2.84	1.76	2.79	2.85	3.02	2.68	2.52	2.53	--	--	--	--	--

图 5-62 汇流箱数据分析

例如，可以确认图 5-61 和 5-62 分别是 4 号子阵 6 号汇流箱的 2 支路和 3 期 18# 方阵汇流箱 4 的第 5 支路电流偏低，去现场可以直接对该支路进行检查。

3. 组串离散率分析案例（图 5-63 至图 5-65）

图 5-63　组串离散率分析案例——线缆短路烧坏、光伏 MCC 接头损坏，导致功率降低

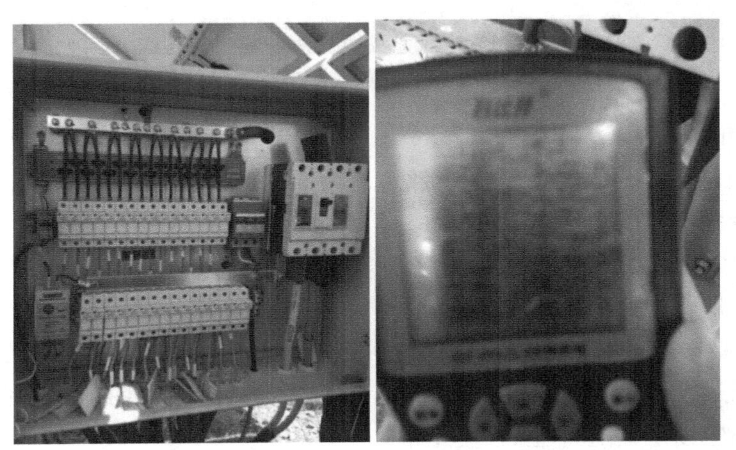

图 5-64　组串离散率分析案例——直流汇流箱数据上传模块互感器故障

图 5-65　组串离散率分析案例——光伏组件掉落或未接

现场排查发现 4#38 逆变器第 5 路光伏板被风吹掉，5#8 逆变器由于电线杆位置有一列未装光伏板，导致电流偏低。

4. 逆变器离散率分析案例（图 5-66）

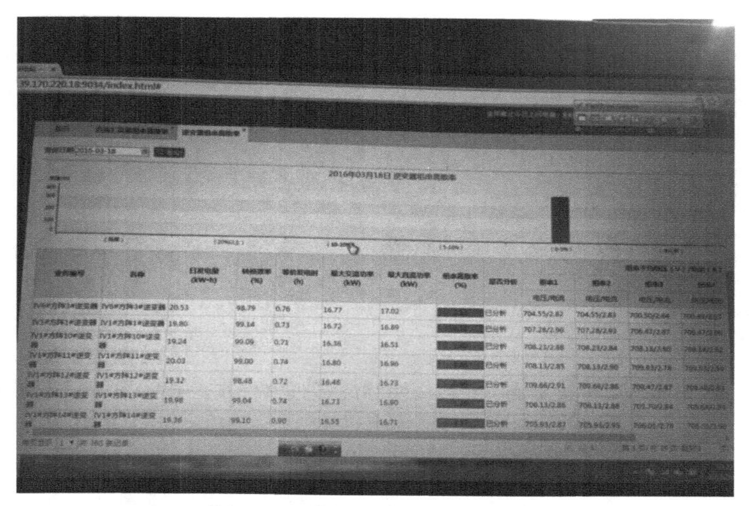

图 5-66　逆变器离散率分析案例

通过分析可知：

（1）四期三号方阵 20 号逆变器第二路电流为 0，现场施工第二路接到第六路上，我们把系统调整到第六路上恢复正常。

（2）四期六号方阵 3 号逆变器第三路和第四路电压和电流都为 0，逆变器内部短路，需要更换逆变器，昨日逆变器已更换，问题解决。

（3）四期四号方阵 26 号逆变器第四路电流为 0，经现场确认第四路端子虚接烧掉。在排查之前，现场运维人员刚刚巡检完，说肯定没问题，这也间接证明了我们系统的价值。把第四路组串调整到第六路组串上，恢复正常。

（4）四期一号方阵 16 号逆变器第 5 路电流为 0，现场录错了组串个数，有四串录了五串，按照提升发电量的建议，如果只有四串，应该分散到三路 MPPT 支路上，现场只利用了两路 MPPT，接的序号是 1~4 路。

经过处理，在不限电情况下，组串式逆变器的离散率都在 0~5%。

通过智能集控系统精准分析，呈现全电站组串整体运行状况，问题组串发现周期更短，准确性更高，大幅降低了运维工作量，减少了发电量损失，提高了运维效率。

5.4　光伏电站的运维成本分析

5.4.1　光伏电站的后评价体系

光伏电站后评价是对光伏电站的投资、技术和性能的成功度进行综合评判，指出项目从光资源普查、投资分析、微观选址、建设、运行等全过程中的经验教训，从完善已建项目、改进在建项目和指导待建项目等方面向投资方、业主方提出有益可行的合理化建议。

全国已调查的 425 座太阳能电站中，30% 建成 3 年以上的电站都已经出现了不同程度的问题，对光伏电站进行科学、精确评价刻不容缓！

1. 光伏电站后评价现有方法——能效比计算

能效比（GB/T 20513—2006，新版 IEC61724）PR（Performance Ratio）用百分比表示，是评估光伏电站质量的综合性指标。其数学表示为

$$PR_{\mathrm{E}}=\frac{PDR}{PT}$$

式中　PDR——测试时间间隔内的实际发电量；

PT——测试时间间隔内的理论发电量。

不同的能效比具有不同的含义。

PR：一般意义的能效比，适合于任意评估时段。

PR_{annual}：年能效比，评估周期为 1 年，不考虑温度差异的影响。

$PR_{\mathrm{annual\text{-}eq}}$：年平均温度能效比，将不同季节的能效比修正到全年工作时段平均温度，排除了季节温度差异的影响，用于比较同一光伏电站不同季节的质量。

PR_{STC}：标准能效比，将不同气候区的能效比修正到标准温度（25 ℃），排除了不同气候区温度差异的影响，用于比较不同气候区光伏电站的质量。由于修正到 25 ℃ 温度会带来较大的修正误差，也可以修正到接近实测温度的同一参考温度。

能效比计算时：

（1）PR 一般指的年平均效率；

（2）PR 是一个不断变化的值；

（3）峰值日照时数的计算带来的误差是主要误差来源［一般用气象数据、仪表误差、光资源分布不均（特别是地势、地形偏差较大带来的光资源分布不均）］；

（4）折算过程忽略了直流侧的核心关键设备分析和评价。

2. 电站后评价分析

以某发电集团公司内部光伏电站测试结果、场内直流侧设备及集电线路的分析为例，光伏电站运行优化、决策分析和设备选型具有重要指导意义。

（1）核心关键设备（组件、逆变器等）、阵列的失配损失和集电线路的效率和损耗对于电站的再投资和优化设计具有重要意义。表 5-5 是该发电集团在河北、江苏、青海三地的电站因不同影响因素，其 PR 的不同。

表 5-5　河北、江苏、青海三地不同的 *PR*

序号	类型	系统损耗类型	河北易县 12 月	江苏建湖 3 月	青海共和 4 月
1	外部因素	遮挡、角度偏斜	4.41%	0.00%	0.00%
2		灰尘	4.12%	0.67%	0.50%

续表

序号	类型	系统损耗类型	河北易县 12 月	江苏建湖 3 月	青海共和 4 月
3	内部因素	组件衰减	3.57%	3.48%	3.18%
4		其他（温损、失配）	2.26%	4.88%	9.66%
5		BOS（平衡部件损耗）	2.74%	2.45%	2.35%
6		线损	0.92%	1.95%	1.55%
7	至逆变器端系统效率		81.99%	86.57%	82.75%
8	升压变压器转换效率（根据可研）		98%	97.5%	98%
9	实际系统效率（PR）		80.35%	84.84%	80.68%
10	可研系统效率（PR）		79%	81.6%	81.64%

（2）测量误差严重影响了评价结果，组件的实际性能与标称的偏差很难获得精确测量结果，如图 5-67 所示。国内光伏组件产品质量不稳定导致光伏电站业主期望对组件实际性能、状态和质量进行精确测试和评价，建立组件或阵列的故障原因及后续追责机制。

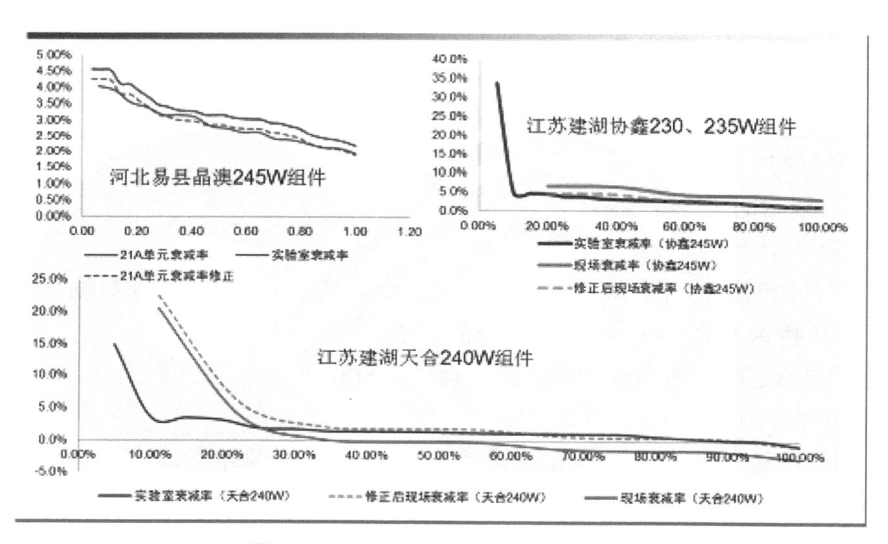

图 5-67 组件实验室与现场误差说明

对电站后评价造成的困难如下。

（1）仪表误差过大导致测量结果难以令多方信服：STC 的光谱条件实际难以获得；辐照度计误差过大；STC 折算需要的温度测量偏差（背板温度和组件温度偏差）；STC 折算过程中的误差。

（2）实际环境条件的变化性带来的误差：光照条件的不稳定性；冬季北方几乎难以出现测量条件（光照多在 400 W/m² 以下）。

（3）光伏电站建设、并网阶段的测试机构作为后评价机构的合理性，需引入新的第三方测试机构。

5.4.2　运维成本分析案例

随着光伏电站大规模建设并陆续并网，运维已上升为光伏电站的工作重心，其直接关系到电站能否长期稳定运行以及电站运维成本、投资价值及最终收益。目前，光伏电站设计因采用不同逆变器而分为两种方案：集中式逆变器方案与组串式逆变器方案。

集中式方案采用集中式逆变器，单台容量可达到 500 kW，甚至更高。1 MW 子阵需 2 台逆变器，子阵内所有光伏组串经直流汇流箱汇流后，再分别输入子阵内 2 台逆变器。

组串式方案采用组串式并网逆变器，单台容量只有几十 kW。1 MW 子阵需约 30 台逆变器，子阵内光伏组串直流输出直接接入逆变器。

因光伏电站采用的方案不同，使得运维工作的难度及成本也有明显不同，针对这两种方案在运维工作中的实际情况，包括安全性与可靠性、运维难度与故障定位、故障导致损失、故障修复难度、防沙尘与防盐雾等各方面进行对比分析，以期保证光伏电站长期平稳运行，达到规划设计的发电目标。

1. 安全性与可靠性比较

电站的安全运行及防火工作极其重要，而熔丝过热及直流拉弧是起火的重大风险来源。

1）集中式方案分析

集中式组串输出需要通过直流汇流箱并联，再经过直流柜、100 多串组串并联在一起，直流环节长，且每一汇流箱、每一组串必须使用熔丝。按每串 20 块 250 Wp 组件串联计算，1 MW 的光伏子阵使用直流熔丝数量达到 400 个，10 MW 用量则达到 4 000 个。如此庞大的直流熔丝用量导致熔丝过热烧坏绝缘保护外壳（层），甚至引发直流拉弧起火的风险倍增。

直流侧短路电流来自电池组件，短路电流分布范围广，在短路电流不够大（受光照、天气的影响）时，不能快速熔断熔丝，但短路电流可能大于熔断器的额定电流，导致绝缘部分过热、损坏，最终引起明火。例如，12 A 的熔断器承载 20 A 电流，需要持续 1 000 s 才能熔断，但熔断前绝缘部分就可能因过热受到损伤，电流继续冲击时就会失去绝缘保护，导致起弧燃烧。

2）组串式方案分析

组串式方案没有直流汇流箱，在直流侧，每一路组串都直接接入逆变器，无熔丝，直流线缆短且少，做到了主动安全设计与防护，有效抑制拉弧现象，避免起火事故发生；在交流侧，短路电流来自电网侧，短路电流较大（1 kA~20 kA），一旦发生异常，交流汇流箱内断路器会瞬时脱扣，将危害降至最低。

2. 运维难易程度、故障定位精准度比较

1）集中式方案分析

对于集中式方案，多数电站的汇流箱与逆变器非同一厂家生产，通信匹配困难。国内光伏电站目前普遍存在直流汇流箱故障率高、汇流箱通信可靠性较低、数据信号不准确甚至错误导致无法通信的情况，因此难以准确得知每个组串的工作状态。即使通过其他方面发现异常，也难以快速准确定位并解决问题。

因此，为掌握光伏区每一组串工作状态，当前的检测方法是找到区内每一个直流汇流箱，打开汇流箱，用手持电流钳表测量每个组串的工作电流来确认组串的状态。但在部分电站，由于直流汇流箱内直流线缆过于紧密，直流钳表无法卡入，导致无法测量。运维人员不得不断开直流汇流箱开关和对应组串熔丝，再逐串检测组串的电压和熔丝的状态。检查工作量大，现场运维烦琐且困难、缓慢，在给运维人员带来巨大工作量和高准度技术要求的同时，也会危及运维人员的人身安全。

另外，检查期间开关被断开，影响了电站发电。假设单块组件最大功率为 250 W，20 块一串，一个 16 进 1 汇流箱装机容量即为 16 × 5 kW=80 kW，完全检查一个汇流箱并记录共需 10 min（0.17 h）。假设当时组串处于半载工作状态，断电检查一个汇流箱引起的发电量损失为 80 kW × 50% × 0.17 h=6.8 kW·h。

一个 30 MW 的电站拥有 400 多个汇流箱，全部巡检一次将花费大量时间，并损失数千度的发电量。再合并计算人工、车辆等成本投入，巡检所消耗的运维费用将十分可观。此种情况在山地电站表现会更加明显。需要特别注意的是，这样的巡检方式并不可靠，易产生人为疏忽，如检查完成后忘记合闸，影响更多发电量。

目前，不少电站的运维人员只有几个人，面对几十 MW 甚至上百 MW 的庞大电站，将难以全面检查到每个光伏子阵，更难以细致到每个组串，所以一些电站的汇流箱巡检约半年一次。这样的巡检频次，难以发现电站运行过程中存在的细小问题，但细小问题长期累积引起的发电量损失和危害却不可轻视。

目前，国内光伏电站有关直流汇流箱运维的数据如下。

直流汇流箱内的熔丝：易损耗，维护工作量大，部分电站每月有总熔丝 1% 左右的维护量；且因工作量大，检修时容易出现工作疏漏，影响后续发电量。

直流汇流箱数据准确性与通信可靠性：直流电流检测精度低，误差大于 5%，弱光时难以分辨组件失效与否，不利于进行组件管理；直流汇流箱通信故障率高、效果不佳，容易断链，导致数据无法上传，通信失效后，组串监控和管理便处于完全失控状态，除非再次巡检发现并处理。

2）组串式方案分析

对于组串式方案，逆变器对每个组串的电压、电流及其他工作参数均有高精度的采样测量，测量精度达到 5‰。利用电站的通信系统，通过后台便可远程随时查看每个组串的工作状态和参数，实现远程巡检、智能运维。对于逆变器或组串异常，智能监控系统会主动进行告警上报，故障定位快速、精准，整个过程操作安全、无须断电、不影响发电量，将巡检、运维成本降至极低水平。

3. 故障影响范围及发电量损失比较

电站建成运行一定时间后，各种因素导致的故障逐渐显现。

1）集中式方案分析

采用集中式方案的光伏系统的各节点及设备，不考虑组件自身因素、施工接线因素及自然因素的破坏，直流汇流箱和逆变器故障是导致发电量损失的重要源头。

直流汇流箱故障在当前光伏电站所有故障中表现较为突出。一个 1 MW 的光伏子阵，一个组串（假设采用 20 块 250 Wp 组件，共 5 kW）因熔丝故障不发电，即影响整个子阵发电量约 0.5%；如果一个汇流箱（16 进 1 出，合计功率 80 kW）出现故障，导致涉及该汇流箱的所有组串都不能正常发电，将影响整个子阵发电量约 8%。因汇流箱通信可靠性低，运维人员难以在故障发生的第一时间发现故障、处理故障。多数故障往往在巡检时或累计影响较大时才被发现，但此时故障引起的发电量损失已按千、万计算。

如果一台逆变器遭遇故障而影响发电，将导致整个子阵约 50% 的发电量损失。集中式逆变器必须由专业人员检测、维修，配件体积大、重量重，从故障发现到故障定位，再到故障解除，周期漫长。按日均发电 4 小时计算，一台 500 kW 的逆变器在故障期间（从故障到解除，按 15 天计算）损失的发电量为 500 kW × 4 h/d × 15 d=30 000 kW · h。按照上网电价 1 元 /（kW·h）计算，故障期间损失达到 3 万元。

2）组串式方案分析

同样不考虑组件自身因素、施工接线因素及自然因素的破坏，采用组串式方案的光伏系统因没有直流汇流箱、无熔丝，系统整体可靠性大幅提升，几乎只有在遭遇逆变器故障时才会导致发电量损失。组串式逆变器体积小、重量轻，通常电站都备有备品备件，可以在故障发生当天立即更换。单台逆变器故障时，最多影响 6 串组串（按照每串 20 块 250 Wp 组件串联计算，每个组串功率为 5 kW），即使 6 串组串满发，按照日均发电 4 小时计算，因逆变器故障导致的发电量损失为 5 kW × 6 × 4 h/d × 1 d=120 kW · h。按照上网电价 1 元 /（kW · h）计算，故障导致发电损失为 120 元。

考虑更极端的情况，电站无备品备件，需厂家直接发货更换，按照物流时间 7 天计算，故障导致发电损失为 120 元 / 天 ×7 天 =840 元。

4. 故障修复难度比较

不同的方案特点不同，自然也导致了故障修复难度的差异。光伏电站所有组串全部投入后，故障修复工作主要集中在电站运行期间的线路故障及设备故障。线路故障受施工质量、人为破坏、自然力破坏等因素影响。设备故障包含汇流箱故障及逆变器故障。

1）集中式方案分析

直流汇流箱内原件轻小、数量少、线路简单，一旦故障准确定位后，修复难度不大；其修复困难集中表现为故障侦测或发现方面。

对于逆变器故障，因集中式逆变器体积大、重量重，内部许多元器件也同样具有此类特点，部分元件重量甚至达到数十或上百千克，给维护修复工作造成了较大程度的不便和麻烦。这也是电站建设时集中式逆变器采用整体吊装的部分原因所在。

对于集中式逆变器方案，电站通常不会留存任何的备品备件，且集中式逆变器的维修必须由生产厂家售后人员完成。因此，在故障发生后，必须首先等待厂家售后人员前往电站定位问题；待问题定位后，确定维修方案及需要更换的元器件，然后再由逆变器厂家发货至电站现场，维修人员选用一定搬运车辆或工具将新的元器件搬运至逆变器房（箱）进行更换。一旦集中式逆变器出现故障，粗略估算整个维修过程将长达 15 天，甚至更久，维修难度大、耗时长、费力多，还严重影响电站发电量。

2)组串式方案分析

组串式方案无直流汇流箱,所用交流汇流箱出现故障的概率几乎为零,甚至部分电站弃用汇流箱,将逆变器交流输出直接连接至箱变低压侧母线。因此,组串式方案的设备故障主要是逆变器的自身故障。相较于集中式逆变器的庞然大物,组串式逆变器显得异常轻灵小巧,其拆装、接线只需2人协作即可完成,且不必专业人员操作。因此,确认逆变器故障发生后,可根据精准的告警信息提示,立即启用备品替换故障逆变器,使电站短时间内全部恢复正常,将发电量损失降至最低。

5. 防沙防尘、防盐雾比较

在逆变器使用寿命期限内,空气中的灰尘及沿海地区的盐雾对逆变器整体及内部零部件的寿命影响巨大。积累过多的灰尘可引起电路板电路失效或导致内部接触器接触不良,盐雾造成设备及元器件腐蚀,因此有逆变器在使用一段时间后出现了控制失效、内部异常短路等现象,甚至起火燃烧,造成重大事故和损失。现阶段,灰尘和盐雾不可能被机房或设备防尘滤网完全过滤,因此在风沙、雾霾严重的地区或沿海盐雾地区(也是我国土地资源和太阳能资源相对丰富的地区),两者对逆变器乃至光伏电站的长期安全正常运行构成了严重威胁。

1)直通风式散热方案

行业内集中式逆变器和逆变器房(箱),甚至部分组串式逆变器都普遍采用直通风式散热方案。空气中的沙尘、微粒等伴随逆变器和逆变器房(箱)中的空气和热量流动,而进入逆变器内部和逆变器房(箱),加之逆变器内部电子元器件的静电吸附作用,运行一段时间后,逆变器内部和逆变器房(箱)都沉积了大量的灰尘。同理,盐雾也会以同样的方式进入逆变器箱(房)及逆变器内部。

灰尘及盐雾对电气设备的主要危害体现在漏电失效、腐蚀失效及散热性能下降等方面。

漏电失效、腐蚀失效方面,在空气湿度较大时,吸湿后的灰尘导电活性激增,在元器件间形成漏电效应,造成信号异常或高压拉弧打火,甚至短路。同时,因湿度增加,湿尘中的酸根和金属离子活性增强,呈现一定酸性或碱性,对PCB的铜、焊锡、器件端点形成腐蚀效应,引起设备工作异常。在沿海高盐雾地区,腐蚀失效表现更加显著。

散热性能下降方面,积尘导致防尘网堵塞、设备散热性能变差,大功耗器件温度急剧上升,严重时甚至导致IGBT器件损坏。

运维清扫的困难及成本体现在多数光伏电站建设区域远离城市与乡村,给野外运维清扫工作造成诸多不便。另外,光伏电站白天要发电,清扫拆卸只能晚上进行。夏天逆变器房(箱)内温度高、蚊子多,冬天则是低温严寒,工作人员手脚活动都受到影响;设备的局部地方还需要用专业工具,如空气泵吹净灰尘。因此,清扫工作耗费了大量时间、人力和成本。

以西北风沙地区100 MW电站为例,10人1天只能清扫10台机器。100 MW电站共有200台机器,根据西北电站实际情况,每个月至少清扫一次,100 MW电站清扫一遍,正好需要20个工作日(1个月)。按此清扫频率,1人1天工资200元,10人1天需要2 000元;按照1个月20个工作日计算,1年人力费用就至少达到2 000×20×12=48万;在电站的全生命周期25年内,共需要25×48=1 200万元。一个100 MW电站全生命周期内的人力清扫费用就达到0.12元/W,这个成本相当惊人。如果进一步考虑25年内人力成本的上升和通胀因素，实际所付出的费用还要远高于这个数值。

另外，防尘网每隔 1~2 个月需要进行更换，还有专业的清洗工具采购和折旧、车辆及燃油投入，均给电站运维带来了实际的成本和困难。

2）热传导式散热方案

对于采用热传导式散热方案的逆变器，如国内厂家华为组串式逆变器，因逆变器采用非直通风式散热方案，逆变器的防护能力达到 IP65，能够有效应对沙尘影响，即使在风沙及雾霾严重的地区，逆变器仍能轻松应对沙尘威胁，完全实现免清扫、免维护，节省大量清扫成本和投入。另一方面，华为组串式逆变器优异的热设计方案匹配性能优异的散热材料也保证了逆变器可以从容应对高温环境。IP65 的防护等级和卓越的散热能力保证了组串式逆变器自身和光伏电站的长期、安全、正常、低成本运行。

以上两种散热方案对比见表 5-6。

表 5-6　两种散热方案对比

方案类别 / 潜在危害	直通风式散热方案		热传导式散热方案	
	存在与否 & 严重程度	清扫运维成本 / 元		存在与否 & 严重程度
漏电失效	是，严重	100 MW，25 年，≥ 1 200 万，在高盐雾地区，受烟雾影响大	清扫运维成本 0，无须除尘，有效应对盐雾腐蚀	否
腐蚀失效	是，严重			否
散热性能下降	是，严重			否

3）比较结果

两种方案对比计算数据见表 5-7。

表 5-7　集中式与组串式光伏电站建设方案整体

方案类别 / 故障类别	集中式方案			组串式方案		
	检测难度	发电量损失影响	故障发生至修复引起损耗 / 元	故障发生至修复引起损失 / 元	发电量损失影响	检测难度
组串故障	难	5‰	据故障持续时间确定，通常持续时间≥ 1 月	据故障持续时间确定，通常持续时间≤ 1 d	5‰	易
直流汇流箱故障	难	8%	据故障持续时间确定，通常持续时间≥ 1 月	—	—	—
交流汇流箱故障	—	—	—	故障率极低，且故障发生即有警告，提醒运维人员处理，影响及损失几乎忽略不计		易
逆变器故障	易	5%	30 000	120（有备品时） 840（无备品时）	3%	易

注：1. 组串每串按 20 块 250 Wp 组件串联计算，每个组串功率 5 kW。
2. 直流汇流箱按 16 进 1 出计算，每个汇流箱合计功率 80 kW。
3. 日均发电按 4 h 计算，集中逆变器修复时间按 15 d 计算，上网电价按 1 元 /（kW·h）计算。

从表 5.7 可以看出，相比集中式方案故障损失动辄上万元的情况，组串式方案优势显而易见，其因故障导致的损失仅相当于集中式方案的几百分之一到几十分之一。

从光伏电站运维所涉及的各工作层面对安全性和可靠性、运维难易程度及故障定位精确性、故障影响范围及其造成的发电量损失、故障修复难度、防沙防尘防盐雾等方面进行横向比较，结果显示：组串式逆变器方案更安全、更可靠；且可实现基于组串为基本管理单元的智能运维，极大地提升了运维工作效率、降低了运维成本；同时显著降低了故障修复难度，大幅减少了故障导致的各种损失；IP65 的防护等级使得逆变器可长期、正常、稳定运行在多沙尘、高盐雾的环境和地区，具有集中式方案难以比拟的优势。电站规模越大，地形越复杂（如山地电站），组串式方案的运维和成本优势越加显著，越能够为投资者降低电站运行成本，并创造更多价值。

【课后练习】

1. 为什么要引入光伏运维？什么是光伏运维？
2. 光伏电站运维系统的组成。
3. 光伏电站运维人员日常都有哪些操作？
4. 如何对光伏电站逆变器进行运维分析？举例说明。
5. 如何进行光伏电站的性能分析？
6. 光伏电站系统 KPI 性能指标包括什么？
7. 什么是光伏电站能效比？如何计算？

第 6 章　光伏电站故障的分析案例

【知识目标】

（1）了解光伏电站常见的故障及因素。

（2）通过案例了解常见的故障及处理方法。

【能力目标】

（1）学会光伏电站设备常见故障分析与处理方法。

（2）学会检测并排除光伏电站设备一般故障。

在光伏发电系统的长期运行期间，发生故障在所难免。本章所述各类常见故障可能在运行期间会反复发生，或者又会暴露出新的问题。作为光伏电站专业运维人员，需要做的就是通过分析、统计和对比的方法，定期对各种故障进行分析和分类整理，对故障频发区和故障部位做到心中有数，发生故障后能够第一时间及时处理，并且在日常的巡检过程中，对故障频发区域加强巡检，尽量将故障消除在萌芽状态，将故障损失减少到最小。另一方面，通过对各类故障的发现、分析、处理、解决过程，也是迅速提高运维人员自身水平和能力的主要途径。

6.1　常见故障及因素

随着光伏发电技术的进步和光伏发电并网运行规模的增大，光伏电站的优化、改善和运行成本等问题严重制约了光伏发电的发展。其中，光伏阵列由于占地面积大、分布广泛，容易出现光伏电池组件“裂片”“线路老化”和“热斑现象”等故障，并网逆变器则容易出现过压、过流、功率管短路和开路等故障。这些严重影响到光伏电池组件的寿命和光伏电站的安全稳定运行。特别是大型并网逆变器承担着向电网馈送电能的重任，其主电路中任意一个关键组件故障，都会使整个光伏电站停机甚至损坏设备，较长的停机时间会降低电站的发电收益。光伏电站的这些故障，严重影响到光伏发电系统的正常运行。

从能量转换的过程来说，大型光伏电站一般由直流系统（光伏阵列）、逆变系统和并网系统构成。而光伏电站的基本设备除了光伏阵列、光伏逆变器、升压变压器等能量转换部件之外，还包括直流汇流箱、直流配电柜、交流配电柜等一系列电气设备。上述设备在运行过程中出现的常见故障及其相应的检测方法，如表 6-1 所示。

表 6-1　光伏电站设备主要故障及检测方法

设备名称	常见故障	主要检测方法
光伏阵列	热斑、老化、组件开裂、短路、开路	红外图像、TDR、电特性、外观
直流配电柜	保险丝熔断、电源线故障或电压不足、防雷器失效	设备自带监控、定期人工巡查

续表

设备名称	常见故障	主要检测方法
并网逆变器	过流、过压、过热、主电路功率管短路、开路	硬件电路保护或算法诊断
交流配电柜	熔断器烧坏、合闸线圈故障、防雷器失效	设备自带监控、定期人工巡查
升压变压器	局部放电、油温过热、绝缘损坏	油色谱分析、绝缘耐压试验

光伏系统由组件、支架、逆变器、电缆、配电柜等设备组成。在众多的设备当中,光伏阵列和光伏并网逆变器是整个光伏电站的核心部件,与电站的正常运行息息相关,同时也是比较容易出现故障的环节。

6.1.1 光伏直流侧故障

1. 光伏阵列

光伏阵列是光伏系统中的重要组成部分,其成本可占到整个系统的40%左右。光伏阵列的故障主要有以下四种:因光伏电池组件老化导致光伏阵列失配现象、热斑现象、因接线盒错误导致的光伏电池组件开路或短路、光伏电池组件的碎裂。

1)因光伏电池组件老化导致光伏阵列失配现象

由于光伏阵列的工作环境较为恶劣,往往昼夜温差较大或者需要接受长时间风吹日晒,因此在使用一段时间后,光伏电池板可能会因为功率下降无法匹配其他电池板的输出特性,从而出现故障。

2)热斑现象

造成热斑现象的主要原因是某些光伏电池长期受到阴影影响,致使其输出电流小于正常工作的光伏电池的输出电流。这种现象会严重破坏光伏电池。为了避免光照组件所产生的能量被受遮蔽的组件所消耗从而导致光伏电池出现破坏,最好在光伏电池组件的正负极间并联一个旁路二极管。

3)因接线盒错误导致的光伏电池组件开路或短路

组件短路相当于该支路缺少一个输出功率的光伏组件,而组件开路相当于连接线断开。两种故障一般是因为接线盒中接触点虚焊或者是连接线错误导致的,出现这种情况一般人为的因素居多。

4)光伏电池组件的碎裂

光伏电池在生产的过程中,在表面密封一层透明保护膜,用以保护光伏电池薄膜,而且还不影响太阳光照的吸收。如果密封合格,光伏电池组件能用20年左右。然而,由于制造过程中的一些问题,保护膜可能存在裂痕,引起水和空气的腐蚀,即光伏电池组件的碎裂问题。在出现碎裂之后,光伏电池组件的老化速度将大大加快。

以上几种故障之中,发生概率最高,产生危害最大的是热斑现象,其处理方法如上文所说,可在接线盒中各个电池串之间反向并联一个旁路二极管。旁路二极管的作用是当电池片出现热斑效应不能发电时,起旁路作用,让其他电池片所产生的电流从二极管流出,使太阳能发电系统继续发电，不会因为某一片电池片出现问题而产生发电电路不通的情况。

热斑现象是不可避免的，尽管太阳电池组件安装时都要考虑阴影的影响，并加配保护装置以减少热斑的影响。为保证太阳电池能够在规定的条件下长期使用，需通过合理的时间和过程对太阳电池组件进行检测，确定其承受热斑加热效应的能力。

【试一试】某电站光伏阵列出现问题，试着分析其故障原因。

2. 光伏汇流箱

在光伏发电系统中，为了减少太阳能光伏电池阵列与逆变器之间的连线需要使用汇流箱。汇流箱内的部件和功能包括接线端子、防过电流器件、断路器、防雷器、接地端子、智能数据采集（可选）等。

汇流箱故障主要集中在熔断器烧毁（保险丝质量或选用的熔断器额定电流过小）、断路器问题（如发热、跳闸）、通信异常（含汇流箱通信采集模块损坏问题）、接线端子发热（端子松动、电阻过大）、支路故障（接地故障、过流）、直流拉弧等问题。

1）汇流箱断路器跳闸

由于汇流箱长期露天安置，加速了断路器的老化，再加上断路器经常操作造成的机械磨损，使断路器脱扣器损坏，导致汇流箱内断路器跳闸。

2）汇流箱通信异常

汇流箱通信异常主要原因为信息采集器包括汇流箱通信采集模块损坏等，一般可以通过更换相应损坏模块来解决。

3）汇流箱烧毁

汇流箱烧毁往往是因为设备长期负荷运行，电源模块发生内部故障导致。检测时需仔细查看各组件及汇线是否有短路情况。

4）汇流箱内熔断丝熔断

一般是散热不好加上长时间使用导致过热。

【试一试】某电站汇流箱通信出现异常，该如何解决。

6.1.2　光伏电站逆变器

逆变器作为整个电站的检测中心，上对直流组件，下对并网设备，基本所有的电站参数都可以通过逆变器检测出来。光伏逆变器由电路板、熔断器、功率开关管、电感、继电器、电容、显示屏、风扇、散热器、结构件等部件组成。每个部件的寿命不一样，逆变器的使用寿命可以用“木桶理论”来解释，木桶的最大容量是由最短的木板决定的，逆变器的使用寿命是由寿命最短的部件决定的，逆变器最容易出故障的是功率开关管、电容、显示屏、风扇等4个部件。

1. 功率开关管

功率开关管是把直流转换为交流的主要器件，是逆变器的心脏。目前，逆变器使用的功率开关管有IGBT、MOSET等，它是逆变器最脆弱的一个部件，它有三怕：一怕过压，一个耐压 600 V 的管子，如果两端电压超过 600 V，不到 1 秒就会炸掉；二怕过流，一个额定电流为 50 A 的管子，如果通过的电流大于 50 A，不到 2 秒就会炸掉；三怕过温，IGBT 温度不超过 150 ℃或者 175 ℃，一般都把它控制在 120 ℃以下，散热设计是逆变器最关键的技术之一。

在正常情况下，逆变器使用寿命在 20 年左右。逆变器在安装时，会给逆变器留有散热通道，另外电网如有过高的谐波和过于频繁的电压突变，也会造成功率器件过压损坏。

2. 电解电容

电容是能量存储的部件，也是逆变器必不可少的元器件之一。影响电解电容寿命的原因有很多，如过电压、谐波电流、高温、急速充放电等，正常使用情况下，最大的影响是温度，因为温度越高电解液的挥发损耗越快。需要注意的是，这里的温度不是指环境或表面温度，而是指铝箔工作温度。

3. 液晶显示屏

多数逆变器都有显示器，可以显示光伏电站瞬时功率、发电量、输入电压等各种指标。液晶显示器有一个致命缺陷——使用寿命短。质量一般的液晶显示器工作 3~4 万小时，就会严重衰减不能使用。假设逆变器工作时间按 6：00—20：00 计算，液晶显示器每天工作 14 个小时，一年为 5 000 小时，按照液晶显示器寿命 4 万小时的最大寿命来计算，其使用寿命为 8 年。现在户用逆变器一般保留显示器，电站用的中大功率组串式逆变器，无液晶显示屏是趋势。

4. 风扇

组串式逆变器散热方式主要有强制风冷和自然冷却两种。强制风冷就要用到风扇，通过组串式逆变器散热能力对比试验发现，中大功率组串式逆变器，强制风冷的散热效果要优于自然冷却散热方式。采用强制风冷可使逆变器内部电容、IGBT 等关键部件温升降低 20 ℃左右，可确保逆变器长寿命高效工作，而采用自然冷却方式的逆变器温升高，元器件寿命降低。风扇最常见的故障是风机电源损坏，或者有异物进入风扇内部，阻碍了风机转动。

【试一试】某新电站成立，你负责维护逆变器，该对哪些模块进行重点关注，该怎么做。

6.1.3 光伏交流侧故障

1. 箱式变电站

箱式变电站又叫预装式变电所或预装式变电站，它是一种将电力变压器和高、低压配电装置等组合在一个或几个柜体的，可以吊装运输的箱式电力设备。由于箱变结构紧凑、外观整洁、移动安装方便、维护量小等，放在电网建设中广泛应用。

1）万能断路器不能合闸

产生原因：①储能机构未储能；②智能脱扣器动作后，面板上的红色按钮没有复位；③控制回路故障。

处理方法：①手动或电动储能；②查明脱扣原因，排除故障后按下复位按钮；③用万用表检查开路点。

2）塑壳断路器不能合闸

产生原因：①断路器带欠压线圈，而进线端无电源；②机构脱扣后，没有复位。

处理方法：①使进线端带电，将手柄复位后，再合闸；②查明脱扣原因，并排除故障后复位。

3）断路器合闸就跳

产生原因：出线回路有短路现象。

处理方法：切不可反复多次合闸，必须查明故障，排除后再合闸。

4）电容柜不能自动补偿

产生原因：①控制回路电源消失；②电流信号线未正确连接。

处理方法：①检查控制回路，恢复电源；②正确连接电流信号线。

【试一试】某箱式变电站万能断路器无法合闸，你是这个电站的维护员，你会怎么做。

2. 开关柜

1）拒动、误动故障

开关柜最常见的故障，其中一类是操动机构及传动系统的机械故障，如部件变形、位移或损坏，分合闸铁芯松动、卡涩、轴销松断、脱扣失灵等；另一类是电气控制和辅助回路造成，多数为接线接触不良、端子松动、接线错误、分合闸线圈因机构卡涩或转换开关不良而烧损、辅助开关切换不灵以及操作电源、合闸接触器、微动开关等故障。

2）开断与关合故障

这类故障主要表现为喷油短路、灭弧室烧损、开断能力不足、关合时爆炸等。对于真空断路器而言，表现为灭弧室及波纹管漏气、真空度降低、投切电容器组重燃、陶瓷管破裂等。

3）绝缘故障

在绝缘方面的故障主要表现为外绝缘对地闪络击穿，内绝缘对地闪络击穿，相间绝缘闪络击穿，雷电过电压闪络击穿，瓷瓶套管、电容套管闪络、污闪、击穿、爆炸，提升杆闪络，CT 闪络、击穿、爆炸，瓷瓶断裂等。

4）载流故障

72~12 kV 电压等级发生的载流故障主要原因是开关柜隔离插头接触不良导致触头烧融。

5）外力及其他故障

包括异物撞击、自然灾害、小动物短路等不可知的其他外力及意外故障。

【试一试】试着对开关柜可能发生的所有故障进行原因分析。

6.2 基于监控系统的故障案例分析

6.2.1 案例一：某电站组串输出偏低

1. 故障现象

某电站测得光伏阵列输出电压过低，导致系统输出功率降低，长此以往会出现组件被击穿的可能，如表 6-2 所示。

表 6-2 某电站汇流箱各组串电压值记录表

汇流箱编号	1#	2#	3#	4	5
组串 1 的开压(V)	441	480	481	489	280
组串 2 的开压(V)	488	491	470	490	301
组串 3 的开压(V)	460	370	399	464	297

2. 故障原因

各组串的开路电压有差异的原因如下：

(1)太阳辐照度不同，开路电压有较小浮动(一般不会超过 5%)；

(2)某块组件的旁路二极管损坏甚至组件损坏。

3. 解决办法

(1)对生产管理系统统计和电站监控系统数据进行分析，对比相同子阵、相同支路数的汇流箱输出功率和电流，查找输出偏低的汇流箱及支路。

(2)检测组串中每个组件的开路电压，查出开路电压异常的组件，如果是二极管损坏就直接更换二极管；如果二极管本身没问题，可能是组件本身的输出存在问题。

6.2.2 案例二：某电站汇流箱通信故障分析

1. 故障现象

甘肃某电站在 1 个月内 11 台汇流箱共发生 27 次通信中断故障。现场进行重启后，通信能够恢复，然而故障反复出现，无法彻底解决，集控中心平台无法监控到现场数据，不能对现场的组串和汇流箱进行监控数据分析、运行健康状态判断，如表 6-3 和图 6-1 所示。

表 6-3 汇流箱故障汇总表

6 月到 7 月汇流箱通信问题汇总		
故障区域	汇流箱编号	故障发生次数
2	14	3

续表

6 月到 7 月汇流箱通信问题汇总		
3	14	1
5	14	1
6	14	2
9	14	4
10	12	1
12	14	3
13	14	3
14	17	2
16	11	4
17	11	3
合计		27

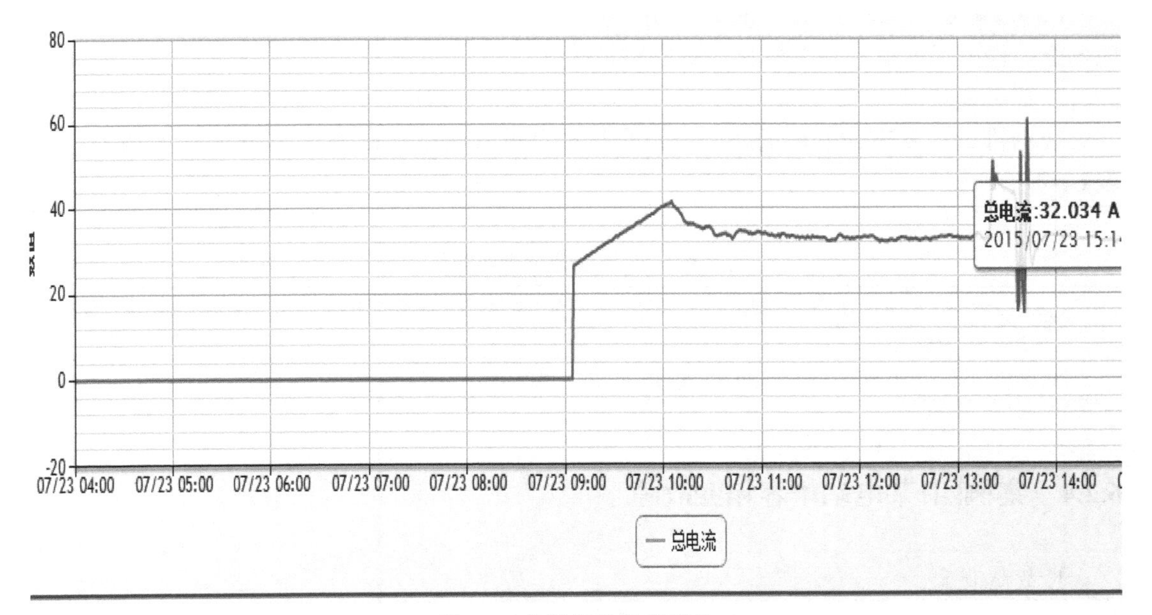

图 6-1　监控通信异常图片

2. 故障原因

这些故障汇流箱都比较靠近箱变,同时工作人员在对故障汇流箱的通信排线进行打胶处理后问题依然存在,猜测问题可能是干扰所致。

3. 解决办法

(1)为避免输出信号受到干扰出现丢包,对 485 信号增加抗干扰磁环。同时,抗干扰磁环还能防止耦合到导线而干扰内部通信。

（2）对汇流箱通信 5 V 电源增加抗干扰磁环，防止电源被辐射干扰。

6.2.3 案例三、某光伏电站多台逆变器 PDP 故障停机

1. 故障现象

监控中心巡视发现某光伏电站二期多台逆变器在阴雨天气不能正常并网，现场排查后反馈逆变器报“PDP 故障”。

2. 故障原因

故障类型为“PDP 保护”，为 DSP 检测到模块触发保护信号，驱动停止发波，逆变器停止运行，但可自动恢复。如果每天此故障超过 5 次后将不再自动恢复，需现场手动恢复。

现场反馈分析：

（1）故障逆变器模块驱动板供电电源正常，光纤插接牢固，IGBT 模块外观正常，调取集控中心平台数据，确定逆变器故障前不存在过流现象；

（2）故障逆变器均发生在连续阴雨的天气，推测故障是否与机箱的防雨能力有关，需到现场全面检查逆变房和逆变器机箱的密封情况。

3. 解决办法

现场排查后发现逆变房的防雨罩没有打胶且没有使用密封条，厂家出具了整改建议如表 6-4 所示。

表 6-4 厂家出具的整改建议

问题原因	SG1000TS 集装箱防雨罩的安装及打胶环节不规范，现场配置密封胶条未使用，防雨罩与箱体之间缝隙较大
建议措施	针对现场 30 台集装箱及时重新进行规范打胶处理

6.2.4 案例四：某电站增容箱变故障

1. 故障现象

某电站工作人员发现 3# 箱变通信中断，同时 3# 子阵 1# 和 2# 逆变器、1# 至 15# 汇流箱通信全部中断。就地检查发现 1#、2# 逆变器已跳闸停机，检查两台逆变器无异常发现，测量逆变器交、直流侧电压发现直流侧各支路电压正常，三相电压极不正常。

检查箱变油温、油位、声音正常，低压侧电压表显示不正常，测量高压侧熔断器通断触点，测量发现 C 相熔断器熔断，立即断开箱变低压侧两支路断路器及高压侧负荷开关。摇测箱变低压侧相间及对地绝缘正常，逆变器解列后，更换 C 相熔断器，试送电后，发现 A 相熔断器熔断，B、C 两相熔断器正常，初步判断变压内部存在故障，联系厂家来站处理。

2. 故障原因

第一次故障的情况下，测量低压侧交流侧电压为 AB 相 190 V、BC 相 66 V、CA 相

65 V，AB 相相电压正常，BC 相、CA 相相电压不到正常电压的一半，根据变压器的断线运行特性，在高压侧 C 相断线的情况下，绕组 BC 和绕组 CA 处于断开状态，无法形成回路，只有绕组 AB 处于导通状态，所以在高压侧不断开的状态下，绕组的磁通量反映在低压侧为 AB 电压为正常的相电压，BC 相、CA 相电压不到正常电压的一半，由此推测 C 相存在断线情况。

3. 解决办法

工作人员对箱变进行了高、低压侧五个挡位相间电阻及高、低压侧电压百分比测量以及高、低压侧对地绝缘测量，判定箱变 C 相绕组存在断线或绕组处分接开关间有接触不良情况。

进行箱变吊芯作业，打开箱变盖板后，发现熔断器外套上黏附着许多黑色沉淀物，吊出绕组后发现 C 相绕组中部及绕组抽头出线处有发黑现象。

进行更换处理，更换后经过全面检测一切正常后，经三次电压冲击试验后，并网运行正常。

6.2.5　案例五：某电站 3511 开关柜 PT 烧毁

1. 故障现象

某电站 110 kV 升压站 35 kV 南晖线 3511 开关内 C 相 PT（型号：JDZX9-35）爆炸及保险炸裂毁坏。地调下令南晖线 3511 开关由运行转冷备用，电站 35 kV 输电线路停电，该电站全站停产。为了减少发电损失，更换不同型号 PT（JDZX9-40-5）作为临时处理。

2. 故障原因

（1）该站的海拔在 2 907~3 022 m，故障 PT（JDZX9-35）为非高原型（<3 000 m），高原空气稀薄，散热效率低，同时由于气压低，绝缘介质（空气）密度减小，存在一定风险。

（2）奇次谐波的振荡会导致 PT 发热，长时间会让磁芯衰减，导致 PT 故障。

3. 解决办法

（1）采用该厂家大模具生产的 PT，保证高海拔下长久运行的可靠性。

（2）三相 PT 同时更换为同批次产品，保证三相 PT 的各项参数一致，避免不同批次和新旧程度造成励磁电流等参数过大而烧坏 PT。

6.2.6　案例六：春兴新能源安固电站异常分析

1. 故障现象

监控系统告警中记录了 16 次逆变器离线告警、39 次逆变器状态告警和 8 次性能告警。其中，离线告警为 8 月 20 日调试时逆变器与某通信暂停引发；前 38 次状态告警为 8 月 3 日和 4 日 1 至 3 号逆变器交流汇流箱调试，19 日和 20 日 所有交流汇流箱调试引发，最近一次状态告警为 9 月 26 日 5 号逆变器启动时 Low Insulation Res 告警；10 月 1 日至 9 日，除发电量最低的 5 日外均发生了 5 号逆变器的性能告警，与当时最高发电量的逆变器差距为 15%~20%，如图 6-2 所示。

2017/10/09 (3)	Inverter 逆变器 5 36KTL	5/21010730236TH4901095	min. 偏差: 13 % max. 偏差: 17 %	First: 11:05 Last: 12:15

时间	实际值	额定值	偏差	参考 逆变器名称	参考 逆变器型号	参考 序列号 / MPP跟踪器
11:05	10709 W	12878 W	17 %	逆变器 6	36KTL	6
11:40	9799 W	11788 W	17 %	逆变器 6	36KTL	6
12:15	23989 W	27627 W	13 %	逆变器 6	36KTL	6

2017/10/08 (3)	Inverter 逆变器 5 36KTL	5/21010730236TH4901095	min. 偏差: 16 % max. 偏差: 17 %	First: 11:05 Last: 12:15
2017/10/07 (3)	Inverter 逆变器 5 36KTL	5/21010730236TH4901095	min. 偏差: 17 % max. 偏差: 18 %	First: 11:05 Last: 12:15
2017/10/06 (2)	Inverter 逆变器 5 36KTL	5/21010730236TH4901095	min. 偏差: 16 % max. 偏差: 19 %	First: 11:05 Last: 11:40
2017/10/04 (1)	Inverter 逆变器 5 36KTL	5/21010730236TH4901095	min. 偏差: 17 % max. 偏差: 17 %	First: 11:05 Last: 11:05
2017/10/03 (1)	Inverter 逆变器 5 36KTL	5/21010730236TH4901095	min. 偏差: 18 % max. 偏差: 18 %	First: 11:50 Last: 11:50
2017/10/02 (1)	Inverter 逆变器 5 36KTL	5/21010730236TH4901095	min. 偏差: 18 % max. 偏差: 18 %	First: 11:10 Last: 11:10
2017/10/01 (3)	Inverter 逆变器 5 36KTL	5/21010730236TH4901095	min. 偏差: 19 % max. 偏差: 21 %	First: 11:05 Last: 12:15

图 6-2　逆变器性能告警

2. 故障分析

首先查看每日发电量(图 6-3),发现无论光照强弱, 5 号逆变器均发生了报警,初步认为异常与天气无关。

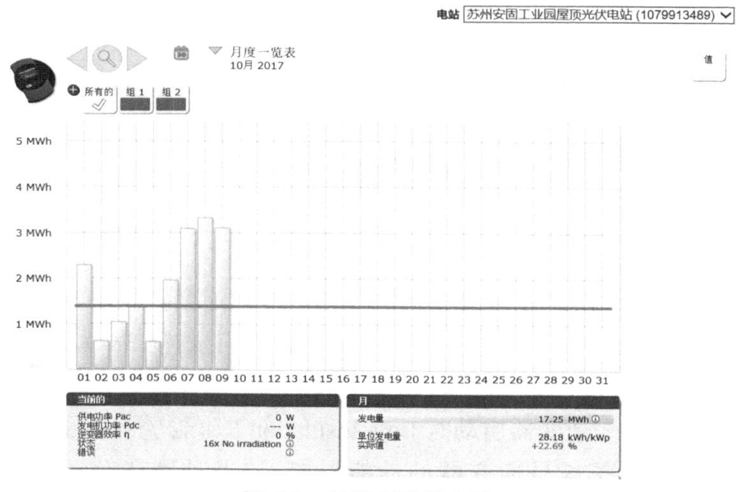

图 6-3　月度每日发电量

以 10 月 8 日情况进行分析，对比 5 号和 13 号逆变器，5 号逆变器全天实时功率均低于 13 号逆变器，平均约为 18%，直流端电压无明显差别，10 月其他时间情况类似，认为异常来源为系统因素，非阴影遮挡，如图 6-4 所示。

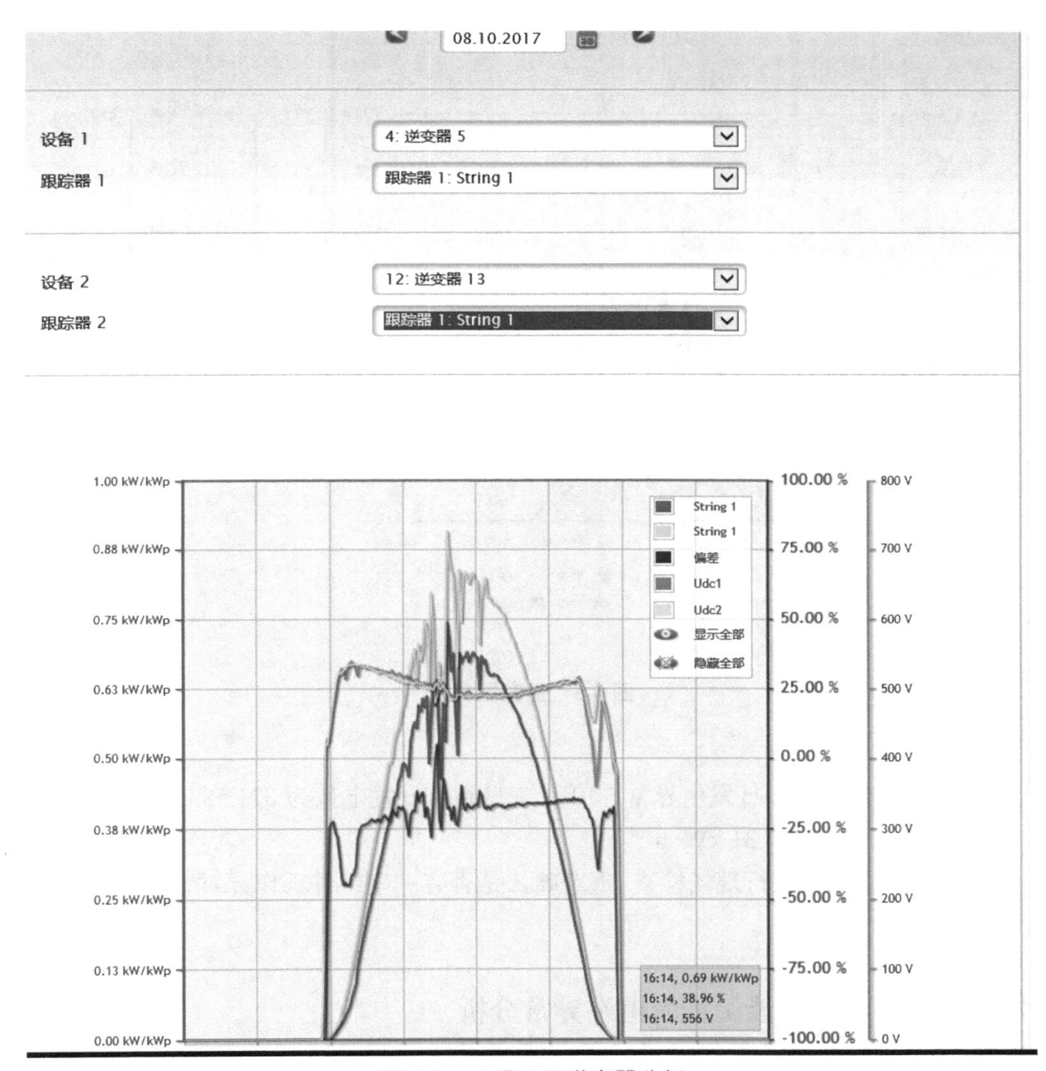

图 6-4　10 月 8 日逆变器分析

查看逆变器参数，交流端电压接近，逆变器效率接近，直流端和交流端电流，5 号逆变器低于 13 号逆变器约 17%，与发电量差异一致，如图 6-5 所示。

通过以上分析，逆变器本身异常可能性较低，查看逆变器装机容量，5 号逆变器为 34 980 W，对应为 6 串组件，如一串发生异常，发电量降低约为 16.6%，组件中某一串发生异常可能性高。

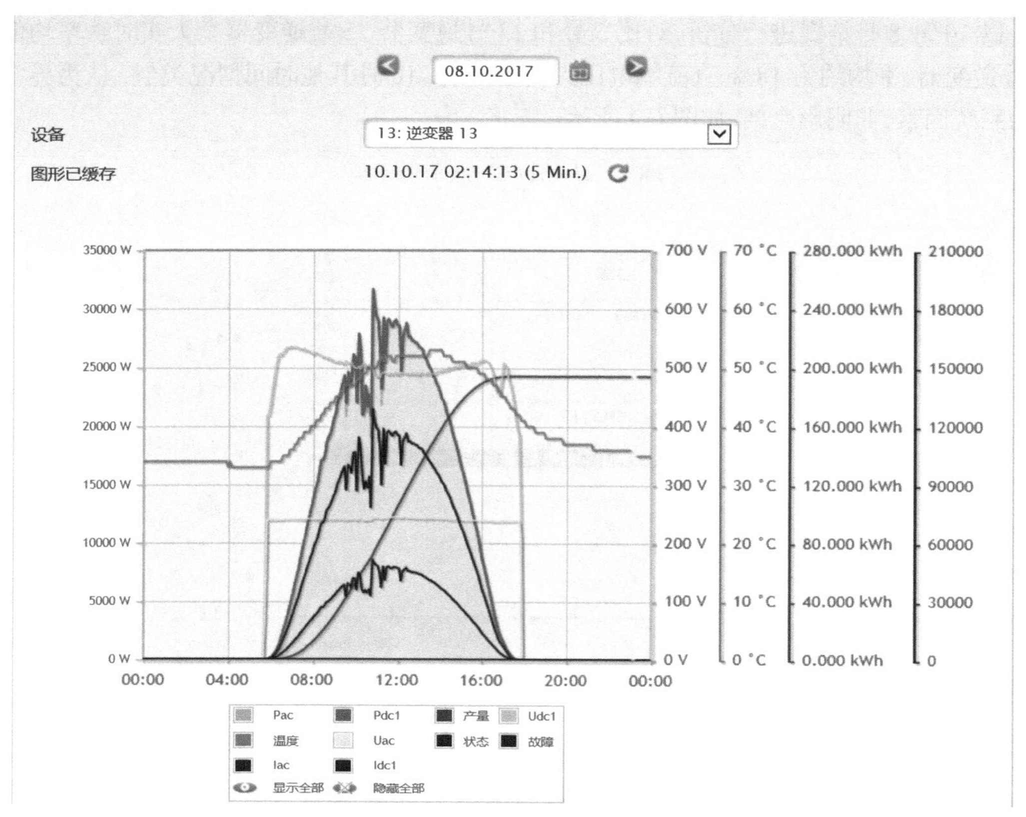

图 6-5 逆变器参数

3. 处理建议

5 号逆变器自 10 月 1 日发生异常，10 月 1 日到 9 日发电量为 821.58 kW · h，根据前述分析，发电量损失约为 164.31 kW·h。

建议对 5 号逆变器进行现场检查，重点确认是否有一串组件工作异常，或者相关连线接口接触不良。

6.2.7 案例七：春兴新能源仙游电站异常分析

1. 故障现象

仙游电站共 3 个屋顶，每个装机容量 1 341.78 kW，使用 18 个固德威 GW60K-MT 逆变器。

2018 年 1 月在某远程支持下完成安装，本地 Log-2000 运行正常，02 号屋顶网络正常，整体工作正常。04/06 号屋顶网络调试物联网 SIM 卡超流量导致上传异常。

2018 年 3 月 28 日和 29 日某工程师现场调试，06 号屋顶网络恢复，Log 工作正常；04 号屋顶逆变器已有数据未见明显异常，但网络仍然不稳定；02 号屋顶电站未见明显异常，06 号屋顶电站工作异常。

在电站监控页面（图 6-6）可以看到，06 号屋顶逆变器发生了 117 次电力中断和 279 次逆变器状态报警。自 3 月 10 日至今每天都有这两类报警,涉及逆变器为 2,4,7,10,11,13,14,16,17 号共 9 台逆变器,占逆变器数的一半,其他逆变器工作未见明显异常。

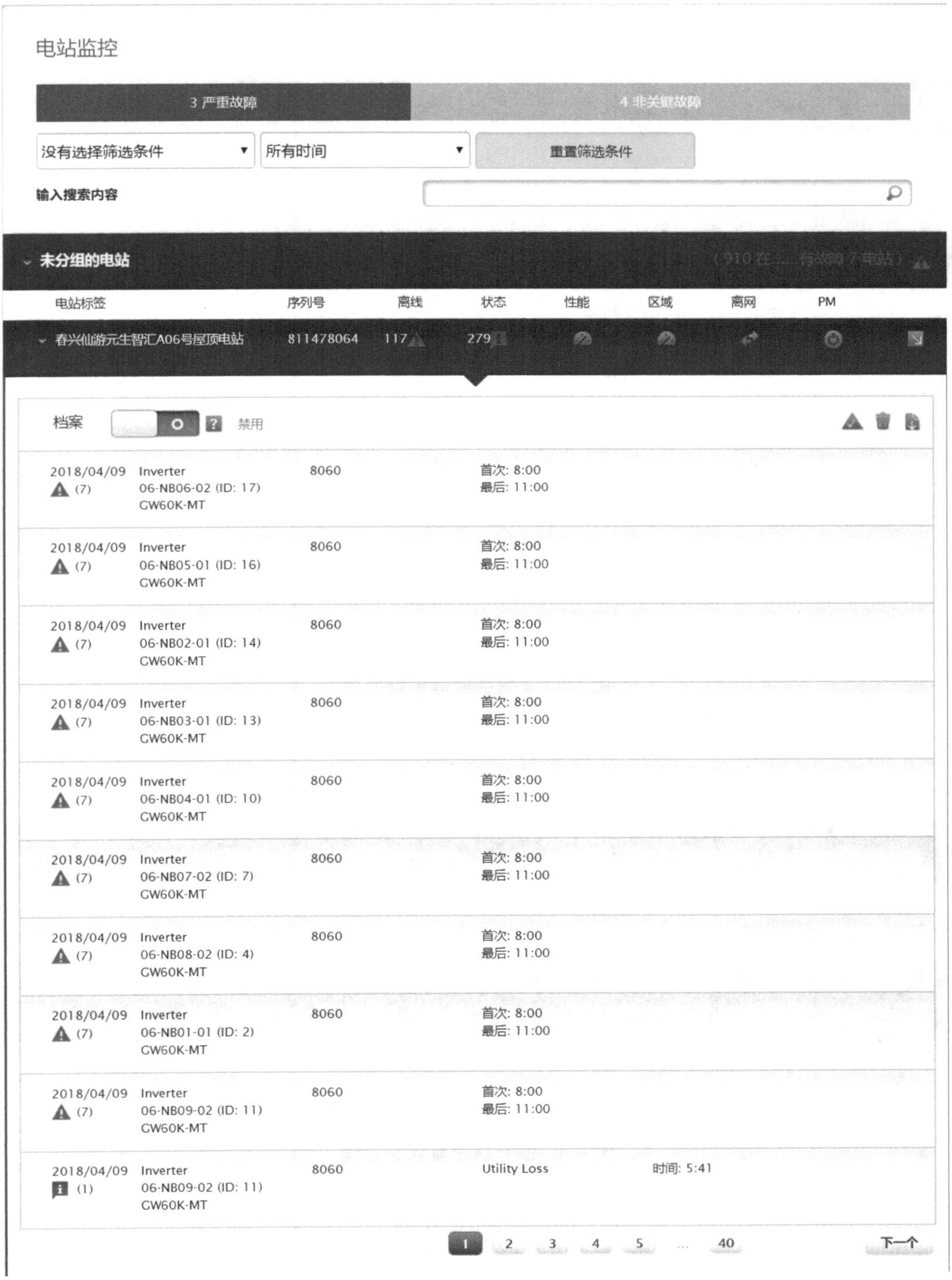

电站监控

3 严重故障　　4 非关键故障

没有选择筛选条件　所有时间　重置筛选条件

输入搜索内容

未分组的电站

电站标签	序列号	离线	状态	性能	区域	离网	PM
春兴仙游元生智汇A06号屋顶电站	811478064	117	279				

档案　禁用

日期	设备	代码	信息	
2018/04/09 (7)	Inverter 06-NB06-02 (ID: 17) GW60K-MT	8060	首次: 8:00 最后: 11:00	
2018/04/09 (7)	Inverter 06-NB05-01 (ID: 16) GW60K-MT	8060	首次: 8:00 最后: 11:00	
2018/04/09 (7)	Inverter 06-NB02-01 (ID: 14) GW60K-MT	8060	首次: 8:00 最后: 11:00	
2018/04/09 (7)	Inverter 06-NB03-01 (ID: 13) GW60K-MT	8060	首次: 8:00 最后: 11:00	
2018/04/09 (7)	Inverter 06-NB04-01 (ID: 10) GW60K-MT	8060	首次: 8:00 最后: 11:00	
2018/04/09 (7)	Inverter 06-NB07-02 (ID: 7) GW60K-MT	8060	首次: 8:00 最后: 11:00	
2018/04/09 (7)	Inverter 06-NB08-02 (ID: 4) GW60K-MT	8060	首次: 8:00 最后: 11:00	
2018/04/09 (7)	Inverter 06-NB01-01 (ID: 2) GW60K-MT	8060	首次: 8:00 最后: 11:00	
2018/04/09 (7)	Inverter 06-NB09-02 (ID: 11) GW60K-MT	8060	首次: 8:00 最后: 11:00	
2018/04/09 (1)	Inverter 06-NB09-02 (ID: 11) GW60K-MT	8060	Utility Loss	时间: 5:41

1　2　3　4　5　…　40　下一个

图 6-6　电站监控页面

2. 故障分析

对于 06 号屋顶,以 4 月 7 日 4 号逆变器为例,电力中断报警如图 6-7 所示,从报警信息来看,该逆变器当天基本未发电。

电站标签	序列号	离线	状态	性能	区域	离网	PM
春兴仙游元生智汇A06号屋顶电站	811478064	117	279				

档案 禁用

2018/04/07 (17) Inverter 06-NB08-02 (ID: 4) GW60K-MT 8060 首次: 8:00 最后: 16:00

时间	组件	逆变器名称	逆变器型号	序列号
8:00	Inverter	06-NB08-02 (ID: 4)	GW60K-MT	8060
8:30	Inverter	06-NB08-02 (ID: 4)	GW60K-MT	8060
9:00	Inverter	06-NB08-02 (ID: 4)	GW60K-MT	8060
9:30	Inverter	06-NB08-02 (ID: 4)	GW60K-MT	8060
10:00	Inverter	06-NB08-02 (ID: 4)	GW60K-MT	8060
10:30	Inverter	06-NB08-02 (ID: 4)	GW60K-MT	8060
11:00	Inverter	06-NB08-02 (ID: 4)	GW60K-MT	8060
11:30	Inverter	06-NB08-02 (ID: 4)	GW60K-MT	8060
12:00	Inverter	06-NB08-02 (ID: 4)	GW60K-MT	8060
12:30	Inverter	06-NB08-02 (ID: 4)	GW60K-MT	8060
13:00	Inverter	06-NB08-02 (ID: 4)	GW60K-MT	8060
13:30	Inverter	06-NB08-02 (ID: 4)	GW60K-MT	8060
14:00	Inverter	06-NB08-02 (ID: 4)	GW60K-MT	8060
14:30	Inverter	06-NB08-02 (ID: 4)	GW60K-MT	8060
15:00	Inverter	06-NB08-02 (ID: 4)	GW60K-MT	8060
15:30	Inverter	06-NB08-02 (ID: 4)	GW60K-MT	8060
16:00	Inverter	06-NB08-02 (ID: 4)	GW60K-MT	8060

图 6-7　4 号逆变器报警信息

逆变器自身状态报警如图 6-8 所示,此报警时间与逆变器电力中断报警时间基本一致。

电站标签	序列号	离线	状态	性能	区域	离网	PM
春兴仙游元生智汇A06号屋顶电站	811478064	117	279				

档案 禁用

2018/04/07 (2) Inverter 06-NB08-02 (ID: 4) GW60K-MT 8060 Utility Loss 首次: 5:45 最后: 5:45

时间	持续时间	代码
5:45	> 16 分钟 1 秒 (打开)	Utility Loss
5:45	12 小时 48 分钟	Utility Loss

图 6-8　逆变器自身状态报警

检视逆变器详细信息,直流端电压正常,但直流端功率仅在 5:40—9:50 之间为 80 W 左右,其他时间几乎为 0,交流端电压功率均为 0,逆变器温度在 40 ℃,可以认为逆变器未工作,如图 6-9 所示。

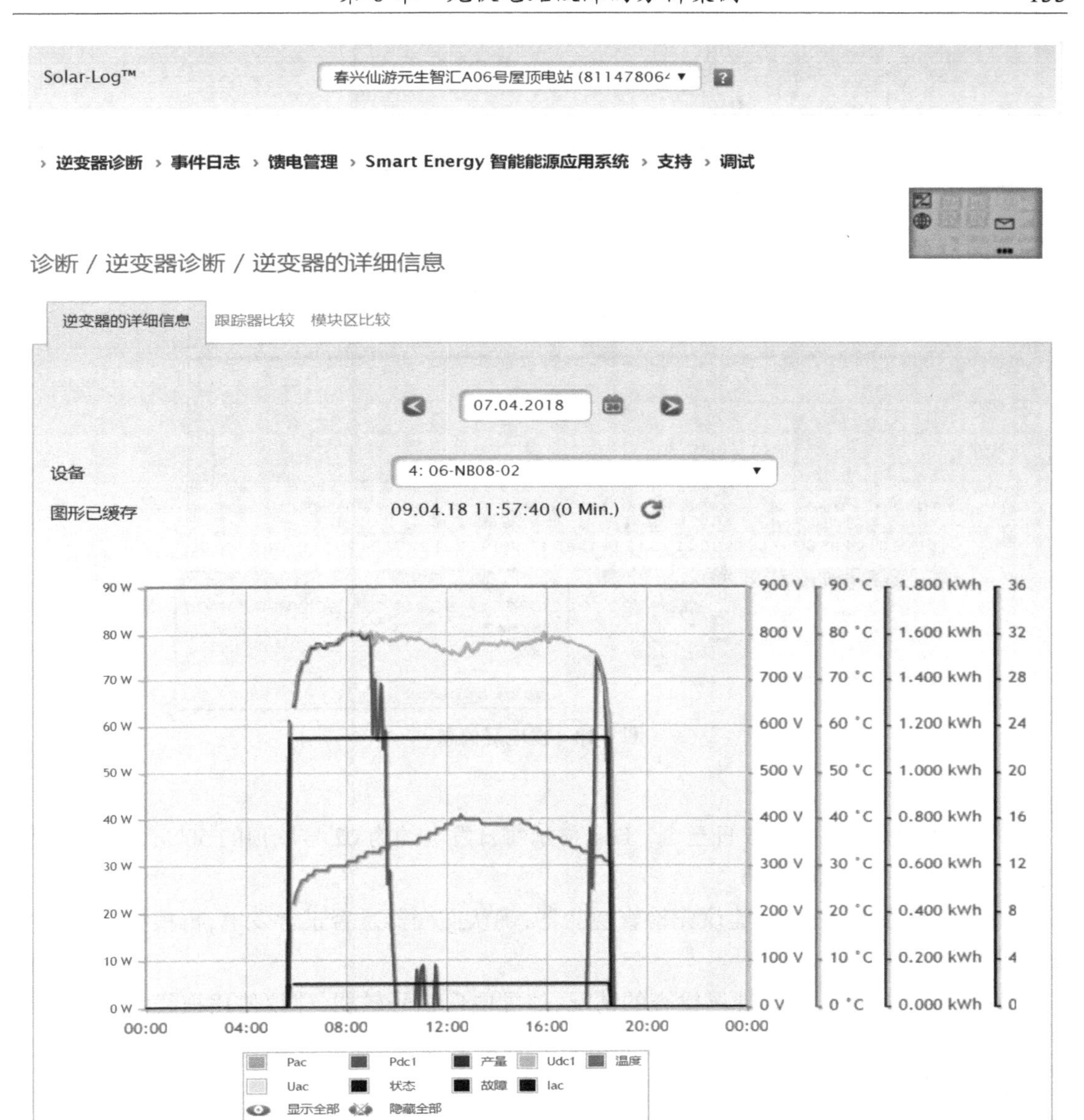

图 6-9　逆变器详细信息

如图 6-10 所示，由于 06 号屋顶 3 月 29 日恢复网络通信，部分报错信息可能因为时间太久被覆盖，对比 02 号屋顶日发电量图，可以看到 3 月 4 日前两电站发电量基本相同，自 3 月 5 日起 06 号屋顶发电量明显低于 02 号屋顶，并且无论天气情况，此种问题每天均发生，推测此问题发生于 3 月 5 日。

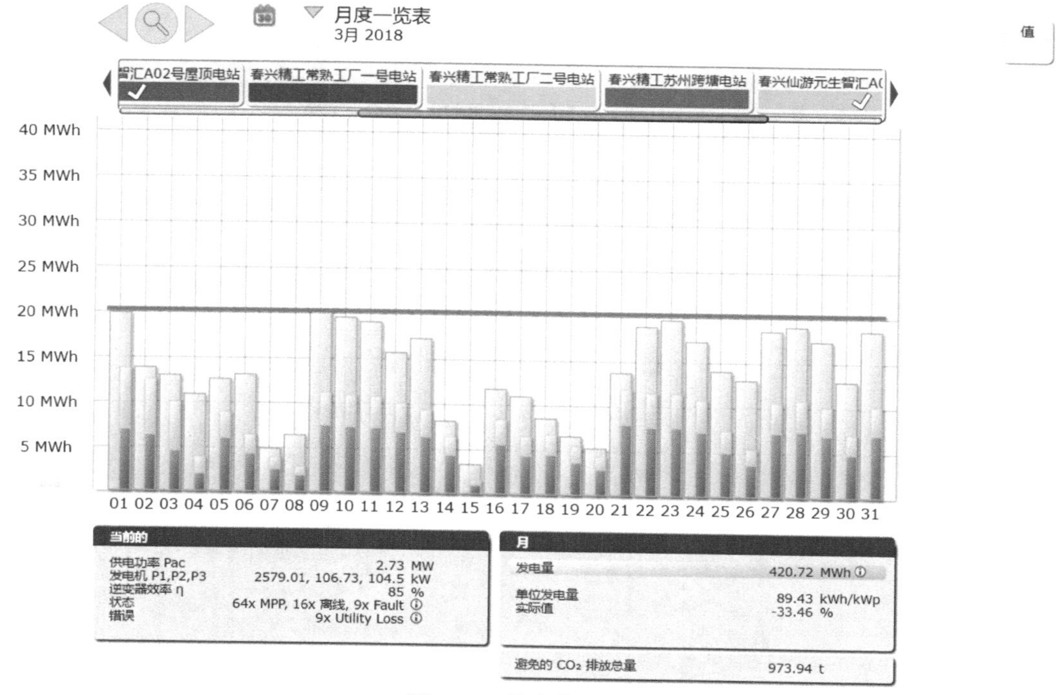

图 6-10　发电量信息

3. 处理建议

对于 06 号屋顶，3 月 5 日至今，Log 显示每日发电约为 02 号屋顶的 50%，总计发电量低于 02 号屋顶 98 700 kW·h。

由于直流端电压正常，建议先检查逆变器，确认逆变器是否正常发电，再根据结果进行进一步分析。

对于 04 号屋顶，根据现场检查的情况，该配电房信号较弱，建议使用拖线板和长网线将 4G 路由器移至窗口等信号较强位置进行一段时间的测试。可以准备联通的 4G 卡作为备选方案，根据测试结果确定最终解决方案。

6.2.8　案例八：米昂西脉科司电站异常分析

1. 故障现象

西脉科司电站装机容量 412.16 kW，使用 11 台兆伏 ZL Pro 33K 逆变器，1 台 TCL 20K 逆变器，2017 年 1 月完成安装，Log 与逆变器及网络通信正常。自装机开始，逆变器会向 Log 发送“30：Recover from warning”报警，但发电量无明显异常。

在电站监控页面可以看到，西脉科司自 3 月 13 日（此前报警由于超过期限系统进行了清理）共有离线报警 3 次、状态报警 642 次、性能报警 21 次，如图 6-11 所示。

图 6-11　监控报警信息

离线报警 3 次，均发生于 3 月 22 日，由于目前仅一次，建议继续监控，如图 6-12 所示。

图 6-12　逆变器报警信息

状态报警，各逆变器每日均有，内容为“30：Recover from warning”，这是逆变器自身报警，自装机时起即有此报警，对发电量未见明显影响。已告知负责工程师，未得到反馈，如图 6-13 所示。

图 6-13 逆变器自身状态报警

性能报警，仅 4 号逆变器（SN：ZP033K00116C0597）自 3 月 13 日起发生 21 次，均为 MPPT1 或者 2 单位装机容量发电量显著低于当日单 MPPT 最高单位装机容量发电量，如图 6-14 所示。

未分组的电站
电站标签 序列号 离线 状态 性能 区域 离网 PM
上海西脉科司屋顶光伏电站 1079914230 21
档案 禁用
2018/04/11 (1) Inverter 逆变器 4 (ID: 6) ZL Pro 33K ZP033K00116C0597 MPP跟踪器:1 偏差: 27 % 时间: 11:05
时间 11:05 实际值 8779 W 额定值 11955 W 偏差 27 % 参考 逆变器名称 逆变器 8 参考 逆变器型号 ZL Pro 33K 参考 序列号 / MPP跟踪器 ZP033K00116C0520 MPP跟踪器:2
2018/04/10 (3) Inverter 逆变器 4 (ID: 6) ZL Pro 33K ZP033K00116C0597 MPP跟踪器:1 最小 偏差: 58 % 最大 偏差: 69 % 首次: 11:05 最后: 12:15

图 6-14 逆变器性能报警

2. 故障分析

检查 4 号逆变器数据，其中一个 MPPT 在阳光较好的天气（峰值实时功率 >0.8 kW/kWp）会在该 MPPT 系统峰值实时功率 >0.6 kW/kWp 时发电量下降，到系统峰值实时功率 <0.6 kW/kWp 时恢复到系统正常发电状态，一般时间为 9：30—14：30。此时，另外一个 MPPT 一般发电正常。基本上阳光较好天气都会发生此问题，MPPT1 异常次数较多，MPPT2 异常次数较少，如图 6-15 所示。

31.03.2018

设备 1　3: 逆变器 4

跟踪器 1　跟踪器 1: String 1

设备 2　7: 逆变器 8

跟踪器 2　跟踪器 1: String 1

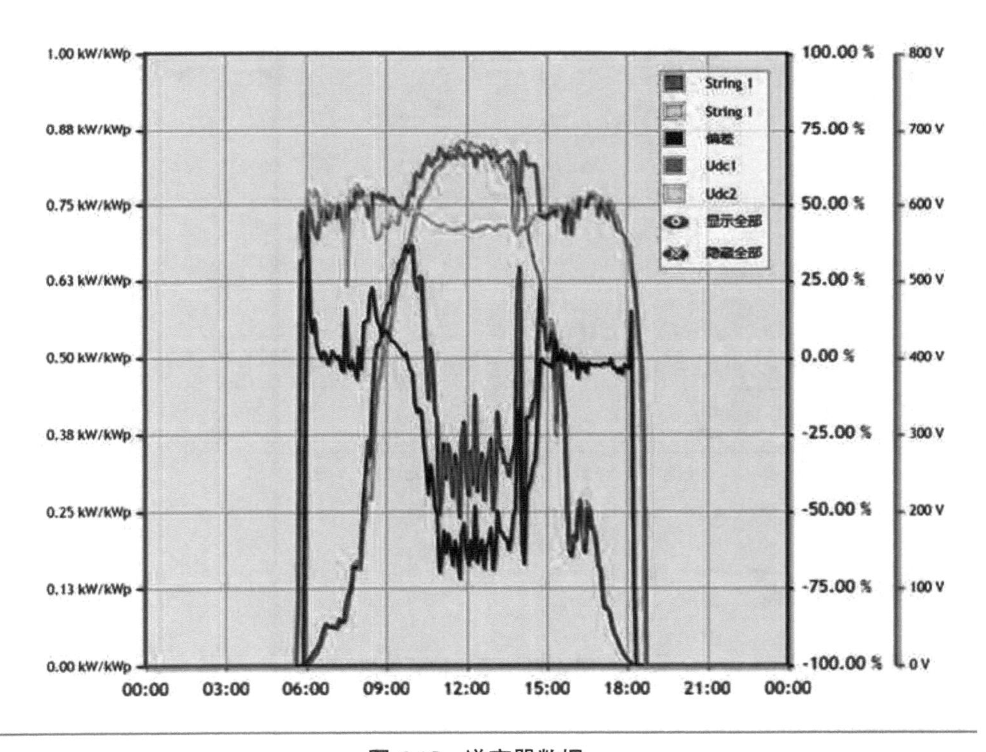

图 6-15　逆变器数据

检查逆变器自身状态报警，发现除了“30：Recover from warning”，还出现了“50：Outp pwr reduce at temp”报警，如图 6-16 所示。

2018/03/31 (4) Inverter 逆变器 4 (ID: 6) ZL Pro 33K ZP033K00116C0597 30:Recover from warning 首次: 5:46 最后: 15:10

时间	持续时间	代码
5:46	> 12 分钟 1 秒 (打开)	30:Recover from warning
9:59	> 19 分钟 46 秒 (打开)	50:Outp pwr reduce at temp
13:55	> 13 分钟 1 秒 (打开)	50:Outp pwr reduce at temp
15:10	> 18 分钟 1 秒 (打开)	30:Recover from warning

图 6-16 逆变器自身状态报警

检查温度,其他逆变器温度为 60 ℃左右,4 号逆变器会到 80 ℃以上,超过 80 ℃则触发超温保护,导致发电量下降,如图 6-17 所示。

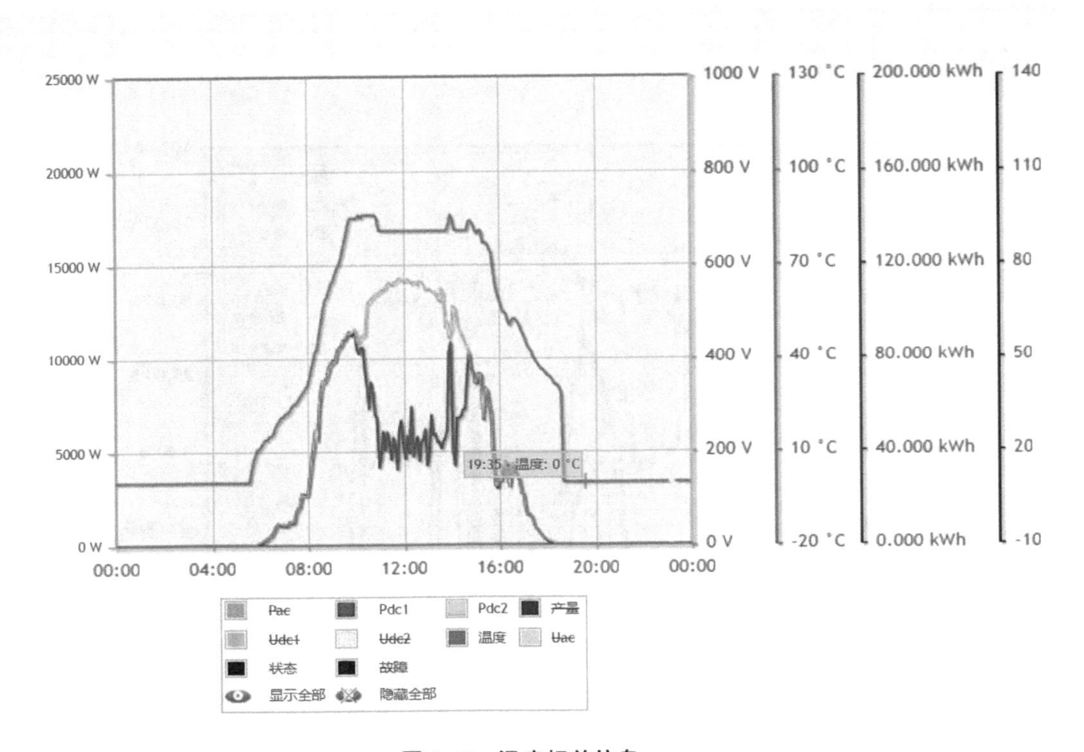

图 6-17 温度相关信息

3. 处理建议

对于 4 号逆变器,建议在光照充足的天气,在 10 点到 14 点间检查逆变器温度与散热情况,以确定异常原因。估计其他逆变器平均发电量,4 号逆变器因故障导致约 444 kW · h 的发电量损失。